Arbeitsheft

Zahlen und Größen
Klasse 6
Nordrhein-Westfalen

Zahlen
und Größen

6

Nordrhein-Westfalen

1 cm² = 100 mm² 1 cm³ = 1...

1 m³ = 1000 dm³

1 l = 1 dm³ = 1000 cm³ = 1000...

1 Minute = 60 Se...

Cornelsen

LÖSUNGEN

Cornelsen

Redaktion: Berit Kroschel

Berater: Udo Wennekers

Illustration: Gudrun Lenz. Berlin
Grafik: Christian Böhning, Ulrich Sengebusch (†)
Technische Umsetzung: Ralf Franz, CMS – Cross Media Solutions GmbH

| Dieses Heft gehört: | | Klasse: | |

Teiler und Vielfache

▶ Grundwissen

- Dividiert man eine Zahl durch eine zweite Zahl ohne Rest, so nennt man die zweite Zahl einen **Teiler** der ersten Zahl. Die erste Zahl nennt man ein **Vielfaches** der zweiten Zahl.

  Beispiele:
  3 ist Teiler von 6,   denn 6 : 3 = 2 , und
  6 ist Vielfaches von 3,   denn 6 = 2 · 3.

- Wenn alle Summanden durch eine Zahl teilbar sind, dann ist auch die Summe durch die Zahl teilbar. Das gilt übertragen auch für Differenzen.

  3 ist Teiler von 96 und 3 ist Teiler von 6, somit ist
  3 Teiler von 102   (denn 96 + 6 = 102) und
  3 Teiler von 90   (denn 96 − 6 = 90).

▶ Auftrag: Ergänze die Beispiele.

Trainieren

1 Trage das passende Zeichen ein.
Hinweis: „2 | 8" steht für „2 ist Teiler von 8". „3 ∤ 8" steht für „3 ist kein Teiler von 8".

a) 2 | 8   b) 2 | 10   c) 2 | 12   d) 2 | 20

e) 3 | 9   f) 3 | 30   g) 3 | 33   h) 3 ∤ 136

i) 5 | 5   j) 5 ∤ 51   k) 5 | 40   l) 5 | 100

m) 6 | 36   n) 15 | 30   o) 9 | 90   p) 60 ∤ 6

2 Lege Farben fest und markiere die Vielfachen unterschiedlich.
Setze dazu Punkte mit den entsprechenden Farbe ins zugehörige Feld.

☐ Vielfache von 4 A   ☐ Vielfache von 6 B   ☐ Vielfache von 8 C   ☐ Vielfache von 12 D

1	2	3	4 A	5	6 B	7	8 A; C	9	10	11	12 A; B; D	13	14	15	16 A; C	17	18 B	19	20 A
21	22	23	24 A; B; C; D	25	26	27	28 A	29	30 B	31	32 A; C	33	34	35	36 A; B; D	37	38	39	40 A; C
41	42 B	43	44 A	45	46	47	48 A; B; C; D	49	50	51	52 A	53	54 B	55	56 A; C	57	58	59	60 A; B; D
61	62	63	64 A; C	65	66 B	67	68 A	69	70	71	72 A; B; C; D	73	74	75	76 A	77	78 B	79	80 A; C
81	82	83	84 A; B; D	85	86	87	88 A; C	89	90 B	91	92 A	93	94	95	96 A; B; C; D	97	98	99	100 A

3 Ergänze jeweils die fehlende Ziffer bzw. das Wort.

a) 7 ist Teiler von 49. (42)   b) 15 ist Teiler von 45.   c) 8 ist Teiler von 24.   d) 9 ist Teiler von 27.

e) 11 ist Teiler von 22.   f) 12 ist Teiler von 120.   g) 13 ist Teiler von 26.   h) 21 ist Teiler von 21.

i) 30 ist Vielfaches von 10. (15)   j) 20 ist Vielfaches von 10.   k) 36 ist Vielfaches von 12.   l) 60 ist Vielfaches von 30.

m) 100 ist Vielfaches von 25.   n) 50 ist Vielfaches von 25.   o) 99 ist Vielfaches von 11.   p) 39 ist Vielfaches von 13.

q) 3 ist **Teiler** von 24.   r) 63 ist **Vielfaches** von 9.   s) 56 ist **Vielfaches** von 8.   t) 7 ist **Teiler** von 56.

4 Ermittle mithilfe der Summenregel die Zahlen.

a) Unterstreiche alle Zahlen, die durch 3 teilbar sind.
300; 309; 618; 927; 929; 1 203; 2 403; 5 003

b) Unterstreiche alle Zahlen, die durch 7 teilbar sind.
700; 63; 763; 729; 140; 36; 203; 21 076

c) Unterstreiche alle Zahlen, die durch 12 teilbar sind.
929; 48; 3 600; 7 248; 60 012; 6 003; 1 260; 2 703

5 Gib jeweils die Zahlen nach der Größe geordnet an.

a) Alle Teiler von 100 sind …   1; 2; 4; 5; 10; 20; 25; 50; 100

b) Alle Teiler von 64 sind …   1; 2; 4; 8; 16; 32; 64

c) Vielfache von 15, die kleiner als 100 sind, sind …   15; 30; 45; 60; 75; 90

d) Vielfache von 7, die kleiner als 100 sind, sind …   7; 14; 21; 28; 35; 42; 49; 56; 63; 70; 77; 84; 91; 98

Anwenden und Vernetzen

6 Bilde zehnstellige Zahlen nur mit den vorgegebenen Ziffern.
Verwende jeweils alle vorgegebenen Ziffern.

6   3   7   0

a) Die Zahl ist durch 1 Million teilbar.   z.B. | 7 | 3 | 6 | 3 | 0 | 0 | 0 | 0 | 0 | 0 |

b) Die Zahl ist kein Vielfaches von 2, 3, 6 und 10.   z.B. | 6 | 3 | 6 | 0 | 0 | 0 | 0 | 0 | 0 | 7 |

7 Heute ist Montag. Welcher Wochentag ist in 24 Tagen?
Diese und ähnliche Fragen können schnell mithilfe der folgenden Tabelle beantwortet werden.

Tage	24	75	105	141	149
Rest bei der Division der Tage durch 7	3	5	0	1	2
Wochentag	Do	Sa	Mo	Di	Mi

a) Ergänze die Tabelle.
Beschreibe, wie mithilfe der Tabelle die Wochentage bestimmt werden können.

Interessant ist der Rest nach der Division durch 7 (Anzahl der Wochentage).

Ist beispielsweise gefragt, welcher Wochentag in 24 Tagen ist, so weiß man, dass in 21 Tagen wieder derselbe

Wochentag wie heute ist. Dementsprechend muss man dann noch um den Rest (also 3) bei den Wochentagen

weiterzählen.

b) Martin überlegt: „Wenn ich den Rest bei der Division durch 30 bilde, kann ich auch das passende Datum finden."
Was meinst du dazu?

Das kann nicht stimmen, weil die Monate unterschiedlich viele Tage haben, z.B. Januar 31 Tage, April 30 Tage.

Teilbarkeitsregeln

▶ Grundwissen

Eine Zahl ist …

- durch __2__ teilbar, wenn ihre letzte Ziffer gerade ist.

- durch __3__ teilbar, wenn ihre Quersumme durch 3 teilbar ist.

- durch __4__ teilbar, wenn ihre letzten beiden Ziffern eine durch 4 teilbare Zahl bilden.

- durch __5__ teilbar, wenn ihre letzte Ziffer eine 0 oder eine 5 ist.

- durch __6__ teilbar, wenn **sie durch 2 und 3 teilbar ist.**

- durch __9__ teilbar, wenn **ihre Quersumme durch 9 teilbar ist.**

- durch __10__ teilbar, wenn **ihre letzte Ziffer eine 0 ist.**

▶ Auftrag: Ergänze die Regeln.

Trainieren

1 Kreuze an.

a) Teilbarkeit durch 2, 5 und 10

	10	20	45	100	130	153	162	180	195	196	199	220	645	896
Zahlen, die durch 10 teilbar sind	×	×		×	×			×				×		
Zahlen, die durch 5 teilbar sind	×	×	×	×	×			×	×			×	×	
Zahlen, die durch 2 teilbar sind	×	×		×	×		×	×		×		×		×

b) Teilbarkeit durch 3, 6 und 9

	9	27	72	369	963	693	702	183	178	580	110	890	786	942
Zahlen, die durch 3 teilbar sind	×	×	×	×	×	×	×	×					×	×
Zahlen, die durch 6 teilbar sind			×				×						×	×
Zahlen, die durch 9 teilbar sind	×	×	×	×	×	×	×							

2 Welche Ziffern können jeweils an die Stelle des Sternchens gesetzt werden?

a) 4 | 7828*   __0; 4; 8__

b) 4 | 148*2   __1; 3; 5; 7; 9__

c) 4 | 14873*   __2; 6__

d) 4 | 1445*40   __0; 1; 2; 3; 4; 5; 6; 7; 8; 9__

3 Trage alle Teiler ein.
Hinweis: Es sind 2, 4, 5 und 8 Teiler.

a) Teiler von 16 sind __1; 2; 4; 8; 16.__

b) Teiler von 13 sind __1; 13.__

c) Teiler von 35 sind __1; 5; 7; 35.__

d) Teiler von 24 sind __1; 2; 3; 4; 6; 8; 12; 24.__

4 Schreibe in die Kreise die vorgegebenen Teiler der Zahlen.
Hinweis:
4 ist Teiler von 20 und 4 ist Teiler von 12, deshalb gehört 4 in einen Kreis an den beiden Sternen.

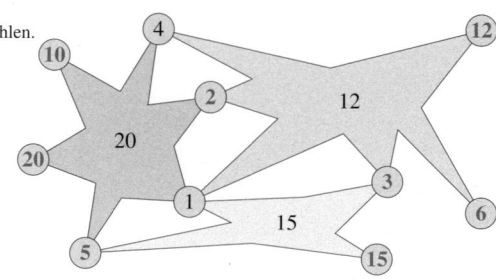

5 Kreuze an.

	72	105	396	45	320	457	5616	9632	6666	4852	2160
2 ist Teiler von …	×		×		×		×	×	×	×	×
3 ist Teiler von …	×	×	×	×			×		×		×
4 ist Teiler von …	×		×		×		×	×		×	×
5 ist Teiler von …		×		×	×						×
6 ist Teiler von …	×		×				×		×		×
9 ist Teiler von …	×		×	×			×				×
10 ist Teiler von …					×						×

Anwenden und Vernetzen

6 Finja, Laura, Max und Sofia trafen sich am 31. Dezember, nachdem sie geritten, geschwommen und gejoggt waren.
Finja reitet jeden zweiten Tag. Laura schwimmt jeden fünften Tag.
Max joggt jeden dritten Tag und Sofia jeden vierten Tag.

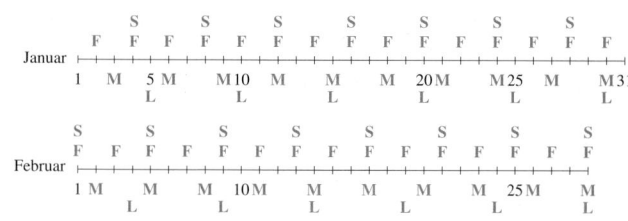

a) Markiere mit vier verschiedenen Farben, wer sich an welchen Tagen nach dem Sport treffen könnte.

b) Wer könnte sich am 20. Januar nach dem Sport treffen?

   Finja, Laura und Sofia könnten sich am 20. Januar treffen.

c) Nach jeweils wie vielen Tagen könnten sich alle nach dem Sport treffen?

   Nach jeweils 60 Tagen könnten sich alle nach dem Sport treffen.

d) An welchem Tag könnten sich alle erstmals nach dem Sport treffen?

   Am 01.03. (Schaltjahr 29.02.) könnten sich alle erstmals nach dem Sport treffen.

Teilermengen und Primzahlen

- Bei der Suche nach Teilern einer Zahl sollte man systematisch vorgehen. Man untersucht, ob die Zahl durch 2, 3, 4, 5… teilbar ist, und schreibt die zugehörigen Produkte auf.

  Beispiel:
  $24 = 1 \cdot 24$
  $24 = 2 \cdot 12$
  $24 = 3 \cdot 8$
  $24 = 4 \cdot 6$

  $T_{24} = \{\ 1;\ 2;\ 3;\ 4;\ 6;\ 8;\ 12;\ 24\ \}$

- Alle Zahlen, die größer als 1 und nur durch 1 und sich selbst teilbar sind, heißen Primzahlen. Ihre Teilermenge besteht aus genau zwei Teilern.

  Beispiel: $T_7 = \{\ 1;\ 7\ \}$

► Auftrag: Ergänze alle Teilermengen von 7 und 24.

Trainieren

1 Schreibe jeweils in die Kreise die Teiler der vorgegebenen Zahl.

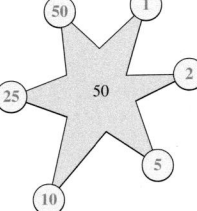

2 Ergänze die Teiler.

a) $T_{14} = \{\ 1;\ 2;\ 7;\ 14\ \}$

b) $T_{15} = \{\ 1;\ 3;\ 5;\ 15\ \}$

c) $T_{16} = \{\ 1;\ 2;\ 4;\ 8;\ 16\ \}$

d) $T_{22} = \{\ 1;\ 2;\ 11;\ 22\ \}$

e) $T_{25} = \{\ 1;\ 5;\ 25\ \}$

f) $T_{29} = \{\ 1;\ 29\ \}$

g) $T_{34} = \{\ 1;\ 2;\ 17;\ 34\ \}$

h) $T_{38} = \{\ 1;\ 2;\ 19;\ 38\ \}$

i) $T_{40} = \{\ 1;\ 2;\ 4;\ 5;\ 8;\ 10;\ 20;\ 40\ \}$

3 Ergänze zu Teilermengen der angegeben Zahlen.

7 9 11 13 34 38 42 49 121

$T_7 = \{\ 1\ ;\ 2\ \}$

$T_{11} = \{\ 1\ ;\ 11\ \}$

$T_{13} = \{\ 1\ ;\ 13\ \}$

$T_9 = \{\ 1\ ;\ 3\ ;\ 9\ \}$

$T_{49} = \{\ 1\ ;\ 7\ ;\ 49\ \}$

$T_{121} = \{\ 1\ ;\ 11\ ;\ 12\ \}$

$T_{34} = \{\ 1\ ;\ 2\ ;\ 17\ ;\ 34\ \}$

$T_{38} = \{\ 1\ ;\ 2\ ;\ 19\ ;\ 38\ \}$

$T_{42} = \{\ 1\ ;\ 2\ ;\ 3\ ;\ 13\ ;\ 21\ ;\ 42\ \}$

4 Primzahlen

a) Ermittle Primzahlen mit dem Sieb des Erastosthenes.

Schritt 1: Streiche alle Vielfachen von 2 durch, aber nicht die 2 selbst.

Schritt 2: Größer als 2 und nicht durchgestrichen ist die Zahl 3. Streiche alle Vielfachen von 3 durch, aber nicht die 3 selbst.

Schritt 3: Größer als 3 und nicht durchgestrichen ist die Zahl 5. Streiche alle Vielfachen von 5 durch, aber nicht die 5 selbst.

…

Übrig bleiben die Primzahlen, die kleiner als 100 sind.

2; 3; 5; 7; 11; 13; 17; 19; 23; 29; 31; 37; 41; 43; 47; 53; 59; 61; 67; 71; 73; 79; 83; 89; 97

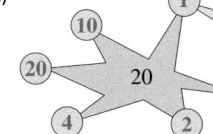

b) Gib jeweils die Anzahl der Primzahlen an.
Zusatzaufgabe: Wie viele Primzahlen sind größer als 100 und kleiner als 110?   4 (101; 103; 107; 109)

Bereich	0 bis 10	10 bis 20	20 bis 30	30 bis 40	40 bis 50	50 bis 60	60 bis 70	70 bis 80	80 bis 90	90 bis 100
Anzahl	4	4	2	2	3	2	2	3	2	1

Anwenden und Vernetzen

5 Schreibe in die Kreise die Teiler der Zahlen und gib den größten gemeinsamen Teiler an.
Hinweis: „ggT" steht für „größten gemeinsamen Teiler".

a)

b)

$ggT(20; 35) = \underline{\ 5\ }$

$ggT(16; 28) = \underline{\ 4\ }$

6 Eine dreieckige Pferdekoppel soll eingezäunt werden. Die Seiten sind 18 m, 24 m und 30 m lang.
Die Pfosten sollen überall den gleichen, möglichst großen Abstand haben.
Ermittle den Abstand der Pfosten und die Anzahl der dementsprechend benötigten Pfosten.
Zusatzaufgabe: Überprüfe die Lösung mithilfe einer Zeichnung.

$T_{18} = \{1;\ 2;\ 3;\ 6;\ 9;\ 18\}$

$T_{24} = \{1;\ 2;\ 3;\ 4;\ 6;\ 8;\ 12;\ 24\}$

$T_{30} = \{1;\ 2;\ 3;\ 5;\ 6;\ 10;\ 15;\ 30\}$

Der größte gemeinsame Teiler ist „6".

6 m beträgt der Abstand der Pfosten.

12 Posten werden bei einem Abstand von 6 m benötigt.

Brüche erweitern und kürzen

► Grundwissen

- Beim Erweitern eines Bruches werden Zähler und Nenner mit derselben natürlichen Zahl (außer 0 oder 1) multipliziert. Der Wert des Bruches bleibt dabei gleich.

Beispiel:
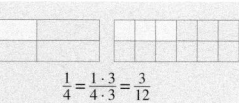

$$\frac{1}{4} = \frac{1 \cdot 3}{4 \cdot 3} = \frac{3}{12}$$

- Beim Kürzen eines Bruches werden Zähler und Nenner durch dieselbe natürliche Zahl (außer 0 oder 1) dividiert. Der Wert des Bruches bleibt dabei gleich.

Beispiel:
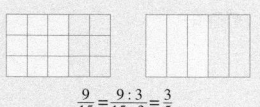

$$\frac{9}{15} = \frac{9 : 3}{15 : 3} = \frac{3}{5}$$

► **Auftrag:** Veranschauliche die Anteile.

Trainieren

1 Erweitere jeweils und färbe die Anteile ein.

a)
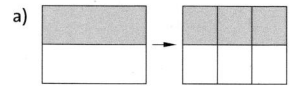

$$\frac{1}{2} = \frac{1 \cdot 3}{2 \cdot 3} = \frac{3}{6}$$

b)
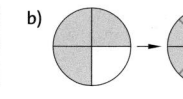

$$\frac{3}{4} = \frac{3 \cdot 2}{4 \cdot 2} = \frac{6}{8}$$

c)
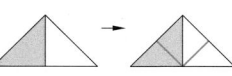

$$\frac{1}{2} = \frac{1 \cdot 2}{2 \cdot 2} = \frac{2}{4}$$

2 Erweitere jeweils mit 11.

a) $\frac{1}{2} = \frac{1 \cdot 11}{2 \cdot 11} = \frac{11}{22}$

b) $\frac{7}{8} = \frac{7 \cdot 11}{8 \cdot 11} = \frac{77}{88}$

c) $\frac{4}{7} = \frac{4 \cdot 11}{7 \cdot 11} = \frac{44}{77}$

3 Erweitere jeweils mit der Zahl im Stern.

a) $\frac{1}{2} = \frac{5}{10}$ 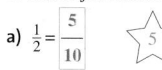 5

b) $\frac{3}{5} = \frac{12}{20}$ 4

c) $\frac{7}{16} = \frac{42}{96}$ 6

d) $\frac{2}{5} = \frac{4}{10}$ 2

e) $\frac{7}{8} = \frac{35}{40}$ 5

f) $\frac{12}{5} = \frac{120}{50}$ 10

4 Kürze jeweils und färbe die Anteile ein.

a)
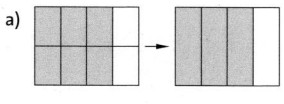

$$\frac{6}{8} = \frac{6 : 2}{8 : 2} = \frac{3}{4}$$

b)
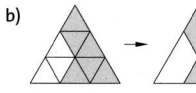

$$\frac{6}{9} = \frac{6 : 3}{9 : 3} = \frac{2}{3}$$

c)
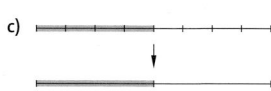

$$\frac{4}{8} = \frac{4 : 4}{8 : 4} = \frac{1}{2}$$

5 Kürze jeweils mit 3.

a) $\frac{9}{30} = \frac{9 : 3}{30 : 3} = \frac{3}{10}$

b) $\frac{18}{33} = \frac{18 : 3}{33 : 3} = \frac{6}{11}$

c) $\frac{21}{24} = \frac{21 : 3}{24 : 3} = \frac{7}{8}$

6 Kürze so weit wie möglich.

a) $\frac{4}{12} = \frac{1}{3}$

b) $\frac{15}{21} = \frac{5}{7}$

c) $\frac{28}{42} = \frac{2}{3}$

d) $\frac{36}{48} = \frac{3}{4}$

e) $\frac{60}{20} = 3$

f) $\frac{26}{39} = \frac{2}{3}$

7 Gib jeweils den eingefärbten Anteil mit unterschiedlichen Brüchen an.

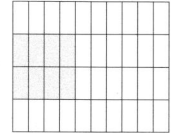 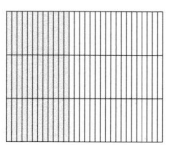 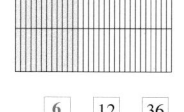 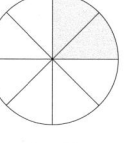

$\frac{1}{5} = \frac{2}{10} = \frac{8}{40}$ $\frac{6}{15} = \frac{12}{30} = \frac{36}{90}$ $\frac{1}{4} = \frac{4}{16} = \frac{25}{100}$ $\frac{3}{4} = \frac{9}{12} = \frac{75}{100}$

8 Ergänze die fehlenden Zähler bzw. Nenner.

a) $\frac{5}{6} = \frac{20}{24}$

b) $\frac{21}{15} = \frac{7}{5}$

c) $\frac{3}{33} = \frac{1}{11}$

d) $\frac{1}{5} = \frac{5}{25}$

e) $\frac{31}{4} = \frac{62}{2}$

f) $\frac{12}{12} = \frac{3}{3} = 1$

g) $\frac{12}{60} = \frac{3}{15}$

h) $\frac{15}{36} = \frac{5}{12}$

9 Erweitere oder kürze, sodass das Ergebnis den Nenner 100 hat.

a) $\frac{1}{5} = \frac{20}{100}$

b) $\frac{52}{400} = \frac{13}{100}$

c) $\frac{3}{25} = \frac{12}{100}$

d) $\frac{1\,200}{6\,000} = \frac{20}{100}$

Anwenden und Vernetzen

10 Beim Schulfest sollen Lose an vier Ständen verkauft werden.
Die Stände erhalten zwar unterschiedlich viele Lose, jedoch der Anteil der Gewinne soll jeweils $\frac{5}{12}$ betragen.
Ergänze die Tabelle.

	Lose insgesamt	Gewinne
Stand 1	84	35
Stand 2	108	45
Stand 3	120	50
Stand 4	252	105

11 Kürzen mit System

a) Kürze die Brüche so weit wie möglich.

$\frac{84}{126} = \frac{2}{3}$ $\frac{144}{216} = \frac{2}{3}$ $\frac{105}{1\,155} = \frac{1}{11}$ $\frac{36}{396} = \frac{1}{11}$

b) Schreibe jeweils den Zähler und den Nenner eines Bruches als Produkt möglichst kleiner Teiler (Primzahlen: 2; 3; 5; 7; 11) auf.
Bilde das Produkt der Teiler, die jeweils im Zähler und im Nenner gleich sind.

$\frac{84}{126}$ $\frac{144}{216}$ $\frac{105}{1\,155}$ $\frac{36}{396}$

$84 = 2 \cdot 2 \cdot 3 \cdot 7$ $144 = 2 \cdot 2 \cdot 2 \cdot 3 \cdot 3$ $105 = 3 \cdot 5 \cdot 7$ $36 = 2 \cdot 2 \cdot 3 \cdot 3$

$126 = 2 \cdot 3 \cdot 3 \cdot 7$ $216 = 2 \cdot 2 \cdot 2 \cdot 3 \cdot 3 \cdot 3$ $1\,155 = 3 \cdot 5 \cdot 7 \cdot 11$ $396 = 2 \cdot 2 \cdot 3 \cdot 3 \cdot 11$

$2 \cdot 3 \cdot 7 = 42$ $2 \cdot 2 \cdot 2 \cdot 3 \cdot 3 = 72$ $3 \cdot 5 \cdot 7 = 105$ $2 \cdot 2 \cdot 3 \cdot 3 = 36$

c) Mit welcher Zahl ist zu kürzen, damit man das Ergebnis nach dem ersten Kürzen erhält?   **42 bzw. 72. bzw. 105 bzw. 36**

Brüche vergleichen und ordnen

▶ Grundwissen

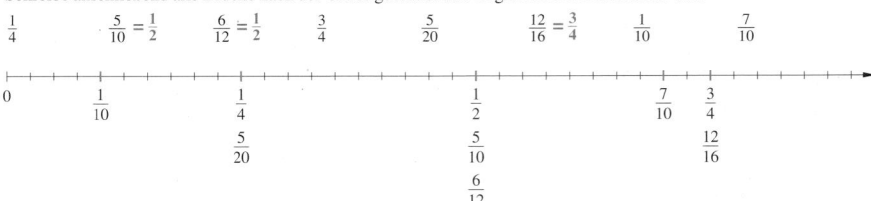

Zahlen werden nach links kleiner.

Zahlen werden nach rechts größer.

Zahlenstrahl: $0 \quad \frac{1}{5} \quad \frac{2}{5} \; \frac{1}{2} \quad \frac{4}{5} \quad 1 \quad 1\frac{1}{2}$, darunter $\frac{5}{10}$ und $\frac{8}{10}$

- Von zwei Brüchen mit gleichem Nenner (gleichnamigen Brüchen) ist derjenige größer, der den größeren Zähler hat.

  Beispiel: $\frac{1}{5} < \frac{2}{5}$, denn $1 < \underline{2}$

- Brüche mit verschiedenen Nennern (ungleichnamige Brüche) sind vor dem Vergleichen auf den gleichen Nenner zu bringen.

  Beispiel: $\frac{1}{2} < \frac{4}{5}$, denn $\frac{5}{10} < \frac{8}{10}$

▶ **Auftrag:** Ergänze die Beispiele.

Trainieren

1

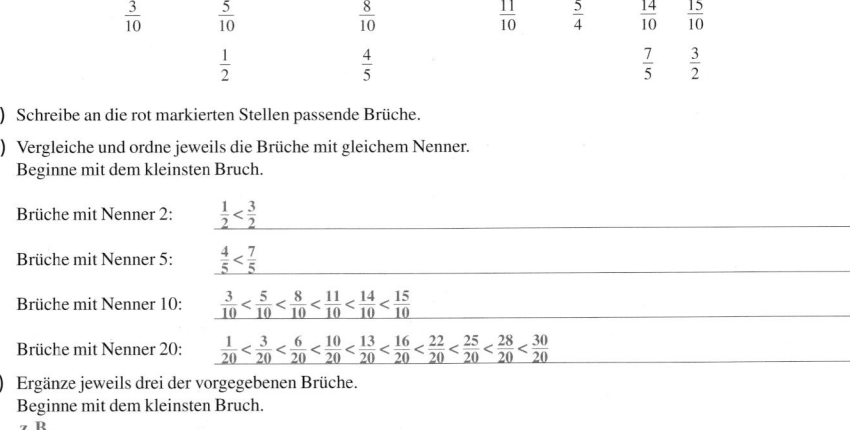

Brüche: $\frac{1}{2}$, $\frac{1}{20}$, $\frac{3}{2}$, $\frac{3}{10}$, $\frac{3}{20}$, $\frac{4}{5}$, $\frac{5}{4}$, $\frac{5}{10}$, $\frac{6}{20}$, $\frac{7}{5}$, $\frac{8}{10}$, $\frac{10}{20}$

$\frac{11}{10}$, $\frac{13}{20}$, $\frac{14}{10}$, $\frac{15}{10}$, $\frac{16}{20}$, $\frac{22}{20}$, $\frac{25}{20}$, $\frac{28}{20}$, $\frac{30}{20}$

Zahlenstrahl:

$0 \quad \frac{1}{20} \quad \frac{3}{20} \quad \frac{6}{20} \quad \frac{10}{20} \quad \frac{13}{20} \quad \frac{16}{20} \quad 1 \quad \frac{22}{20} \quad \frac{25}{20} \quad \frac{28}{20} \quad \frac{30}{20}$

$\frac{3}{10} \quad \frac{5}{10} \quad \frac{8}{10} \quad \frac{11}{10} \quad \frac{5}{4} \quad \frac{14}{10} \quad \frac{15}{10}$

$\frac{1}{2} \quad \frac{4}{5} \quad \frac{7}{5} \quad \frac{3}{2}$

a) Schreibe an die rot markierten Stellen passende Brüche.

b) Vergleiche und ordne jeweils die Brüche mit gleichem Nenner. Beginne mit dem kleinsten Bruch.

Brüche mit Nenner 2: $\frac{1}{2} < \frac{3}{2}$

Brüche mit Nenner 5: $\frac{4}{5} < \frac{7}{5}$

Brüche mit Nenner 10: $\frac{3}{10} < \frac{5}{10} < \frac{8}{10} < \frac{11}{10} < \frac{14}{10} < \frac{15}{10}$

Brüche mit Nenner 20: $\frac{1}{20} < \frac{3}{20} < \frac{6}{20} < \frac{10}{20} < \frac{13}{20} < \frac{16}{20} < \frac{22}{20} < \frac{25}{20} < \frac{28}{20} < \frac{30}{20}$

c) Ergänze jeweils drei der vorgegebenen Brüche. Beginne mit dem kleinsten Bruch.
z.B.
Kleiner als „$\frac{1}{2}$" sind $\frac{1}{20}$; $\frac{3}{20}$; $\frac{3}{10}$.   Größer als „1" sind $\frac{11}{10}$; $\frac{5}{4}$; $\frac{7}{5}$.

2 Vergleiche.

a) $\frac{3}{7} < \frac{5}{7}$ **b)** $\frac{12}{5} > \frac{11}{5}$ **c)** $\frac{99}{100} < \frac{101}{100}$ **d)** $\frac{31}{17} < \frac{35}{17}$ **e)** $\frac{111}{11} > \frac{11}{111}$ **f)** $\frac{3}{4} > \frac{0}{4}$

3 Ordne den Brüchen ihre Stelle auf dem Zahlenstrahl zu.
Kürze oder erweitere gegebenenfalls zuerst.
Schreibe anschließend alle Brüche nach der Größe geordnet auf. Beginne mit der kleinsten Zahl.

$\frac{1}{4} \qquad \frac{5}{10} = \frac{1}{2} \qquad \frac{6}{12} = \frac{1}{2} \qquad \frac{3}{4} \qquad \frac{5}{20} \qquad \frac{12}{16} = \frac{3}{4} \qquad \frac{1}{10} \qquad \frac{7}{10}$

Zahlenstrahl:

$0 \qquad \frac{1}{10} \qquad \frac{1}{4} \qquad \frac{1}{2} \qquad \frac{7}{10} \quad \frac{3}{4}$

$\frac{5}{20} \qquad \frac{5}{10} \qquad \frac{12}{16}$

$\frac{6}{12}$

$\frac{1}{10} < \frac{1}{4} = \frac{5}{20} < \frac{5}{10} = \frac{6}{12} < \frac{7}{10} < \frac{3}{4}$

4 Vergleiche. Begründe wie im Beispiel bei **a**.

a) $\frac{3}{4} > \frac{5}{8}$, denn $\frac{6}{8} > \frac{5}{8}$ **b)** $\frac{8}{12} < \frac{5}{6}$, denn $\frac{4}{6} < \frac{5}{6}$ **c)** $\frac{6}{5} = \frac{12}{10}$, denn $\frac{6}{5} = \frac{6}{5}$

d) $\frac{13}{14} < \frac{30}{28}$, denn $\frac{26}{28} < \frac{30}{28}$ **e)** $\frac{45}{100} < \frac{1}{2}$, denn $\frac{45}{100} < \frac{50}{100}$ **f)** $\frac{35}{49} < \frac{6}{7}$, denn $\frac{5}{7} < \frac{6}{7}$

g) $\frac{3}{16} < \frac{2}{8}$, denn $\frac{3}{16} < \frac{4}{16}$ **h)** $\frac{40}{50} = \frac{4}{5}$, denn $\frac{4}{5} = \frac{4}{5}$ **i)** $\frac{3}{39} < \frac{2}{13}$, denn $\frac{1}{13} < \frac{2}{13}$

Anwenden und Vernetzen

5 Auf einem großen Festplatz stehen insgesamt 3 Losverkäuferinnen und alle werben mit ihren tollen Preisen und Gewinnchancen.
Die Erste sagt: „Bei mir gewinnt jedes 5. Los."
Die Zweite sagt: „In 20 von meinen Losen stecken 8 Gewinne."
Die Dritte sagt: „Ich habe zwar 57 Nieten, aber auch 43 Gewinne."
Bei den Losen welcher Verkäuferin hat man die größten Gewinnchancen?

$\frac{1}{5} < \frac{8}{20} = \frac{2}{5} < \frac{43}{100}$

Bei der dritten Verkäuferin hat man die größten Gewinnchancen.

6 Stell dir vor: Jannik, Marvin, Robin, Daniela, Pia und Amy sollen gemeinsam einen 150 m langen Zaun streichen.
Da sie unterschiedlich alt sind und unterschiedlich viel Zeit haben, sind ihre Zaunstücke unterschiedlich groß.
Jannik streicht $\frac{3}{8}$ des Zauns, Marvin $\frac{3}{18}$, Robin $\frac{5}{24}$, Daniela $\frac{1}{6}$, Pia $\frac{1}{15}$ und Amy $\frac{1}{60}$

a) Ermittle zeichnerisch, wer das kleinste Stück und wer das größte Stück Zaun streicht.
z.B.

Zahlenstrahl: Jannik   Marvin   Robin   Daniela   Pia Amy

Amy streicht das kleinste Stück Zaun und Jannik streicht das größte Stück.

b) Ermittle, wie viel Meter Zaun jeder streicht.

Jannik streicht **56** m **25** cm Zaun.   Marvin streicht **25** m Zaun.

Robin streicht **31** m **25** cm Zaun.   Daniela streicht **25** m Zaun.

Pia streicht **10** m Zaun.   Amy streicht **2** m **50** cm Zaun.

Dezimalbrüche

▶ Grundwissen

- Die Stellenwerttafel kann hinter den Einern (E) nach rechts erweitert werden.
  Die Stellen hinter dem Komma heißen Zehntel (z), Hundertstel (h), Tausendstel (t) usw.

  Beispiele:

Z	E	z	h	t	zt
	0	1			
	0	1	5		
	0	1	5	7	
	0	1	5	7	4

  0,1 m   sind 1 Zehntel Meter.
  0,15 m   sind 1 Zehntel Meter und 5 Hundertstel Meter.
  0,157 m   sind 1 Zehntel Meter, 5 Hundertstel Meter und 7 Tausendstel Meter.
  0,1574 m   sind …

- Dezimalbrüche sind Brüche in einer anderen Schreibweise.

  Beispiele:

  $0,1\,m = \frac{1}{10}\,m$ $0,15\,m = \frac{15}{100}\,m$ $0,157\,m = \frac{157}{1000}\,m$ $0,1574\,m = \frac{1574}{10000}\,m$

▶ Auftrag: Trage die Zahlen in die Stellenwerttafel ein.

Trainieren

1 Ergänze die Stellenwerttafel und die Tabelle.
Verwende nur 10, 100 oder 1000 als Nenner.

H	Z	E	,	z	h	t		Dezimalbruch	Bruch	gemischte Zahl
		6	,	7				6,7	$\frac{67}{10}$	$6\frac{7}{10}$
	8	8	,	6	7			88,67	$\frac{8867}{100}$	$88\frac{67}{100}$
4	7	9	,	2				479,2	$\frac{4792}{10}$	$479\frac{2}{10}$
	1	4	,	2				14,2	$\frac{142}{10}$	$14\frac{2}{10}$
8	8	6	,	6	3			886,63	$\frac{88663}{100}$	$886\frac{63}{100}$
		1	,	3	6	7		1,367	$\frac{1367}{1000}$	$1\frac{367}{1000}$
4	0	2	,	0	0	3		402,003	$\frac{402003}{1000}$	$402\frac{3}{1000}$
	8	0	,	0	9			80,09	$\frac{8009}{100}$	$80\frac{9}{100}$
		7	,	2				7,2	$\frac{72}{10}$	$7\frac{2}{10}$
		0	,	1	0	4		0,104	$\frac{104}{1000}$	–
		0	,	0	7			0,07	$\frac{7}{100}$	–

2 Schreibe an die farbig markierten Stellen entsprechende Brüche und Dezimalbrüche.
Zusatzaufgabe: Gib, wenn möglich, den gekürzten Bruch und die gemischte Zahl an.

a)
```
        0,06          0,145         0,21              0,295           0,37
|--------+----|--------+----|--------+----|--------+----|--------+----|------->
0        6/100   0,1    145/1000    0,2  21/100      295/1000  0,3    37/100
         3/50           29/200          0,2 21/200   59/200
```

b)
```
     0,06     1,5      2,8         4,35  5,05   5,7    6,4     7,25
|---+--|------+--|------+----|------+---+--|-----+--|---+-----+--|---->
0   6/10  1  15/10  2  28/10  3   4 435/100 505/100 57/10 6 64/10 7 725/100
    3/5       3/2        28/5      4 87/20  101/20      32/5    29/4
              1½                    4 7/20  5 1/20       6 2/5  7 ¼
```

3 Markiere gleichwertige Terme mit der gleichen Farbe.
Hinweis: Du benötigst fünf Farben.

12,3 A	1,23 B	0,123 C	0,0123 D	1,023 E	$1\frac{23}{1000}$ E	$1\frac{23}{100}$ B

$12\frac{3}{10}$ A	$\frac{123}{10}$ A	$\frac{123}{100}$ B	$\frac{123}{1000}$ C	$\frac{123}{10000}$ D	$\frac{1230}{100000}$ D

4 Kreuze jeweils alle Streckenlängen an, die dazwischen liegen.
Zusatzaufgabe: Markiere jeweils entsprechende Stellen am Zahlenstrahl auf einem zusätzlichen Blatt.

a) 2,05 cm und 2,10 cm   ☒ 2,07 cm   ☐ 2,89 cm   ☒ 2,06 cm   ☐ 2,20 cm   ☐ 3,89 cm

b) 5,263 cm und 5,27 cm   ☒ 5,265 cm   ☐ 5,261 cm   ☐ 5,06 cm   ☐ 5,2 cm   ☒ 5,269 cm

c) 67,5 m und 67,4 m   ☒ 67,47 m   ☐ 67,57 m   ☒ 67,472 m   ☐ 67,572 m   ☒ 67,401 m

d) 0,40 m und 0,41 m   ☒ 0,401 m   ☒ 0,409 m   ☐ 0,041 m   ☐ 0,42 m   ☒ 4,05 dm

Anwenden und Vernetzen

5 Alex, Martin, Simon, Pascal, Jan und Felix starteten bei einem Wettkampf beim Weitsprung,
beim Hochsprung und beim 50-m-Lauf.

	50-m-Lauf	Hochsprung	Weitsprung
Alex	9,7 s	1,10 m	3,12 m
Martin	11,7 s	1,15 m	3,29 m
Simon	9,4 s	0,90 m	3,17 m
Pascal	11,2 s	1,20 m	3,25 m
Jan	10,9 s	1,05 m	3,07 m
Felix	11,9 s	1,15 m	3,32 m

a) Ermittle für jede Disziplin, wer den ersten, zweiten bzw. dritten Platz belegte.

   50-m-Lauf: **1. Simon; 2. Alex; 3. Jan**

   Hochsprung: **1. Pascal; 2. Martin; 2. Felix**

   Weitsprung: **1. Felix; 2. Martin; 3. Pascal**

b) Gib jeweils den Unterschied zwischen dem besten und dem schlechtesten Ergebnis an.

   50-m-Lauf: **2,5 s zwischen Simon und Felix**

   Hochsprung: **0,3 m (30 cm) zwischen Pascal und Simon**

   Weitsprung: **0,25 m (25 cm) zwischen Felix und Jan**

c) Wie sind die ersten drei Plätze in der Gesamtwertung zu vergeben? Begründe deine Entscheidung.
z. B.
   Felix bekommt aufgrund der Platzierung bei den Wettkämpfen eine Goldmedaille und eine Silbermedaille. …

Prozentschreibweise

▶ Grundwissen

Einen Bruch mit dem Nenner 100 kann man leicht als Dezimalbruch und in Prozentschreibweise angegeben.

Es gilt:
$\frac{1}{100} = 0,01 = 1\%$

Beispiele:

$\frac{57}{100} = 57\%$ $\frac{4}{10} = \frac{40}{100} = 40\%$ $0,27 = \frac{27}{100} = 27\%$

▶ Auftrag: Ergänze jeweils die Prozentschreibweise.

Trainieren

1 Ergänze die Tabellen und färbe das letzte Quadrat entsprechend ein.

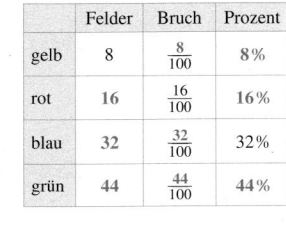

individuelle Lösung

	Felder	Bruch	Prozent
gelb	15	$\frac{15}{100}$	15%
rot	30	$\frac{30}{100}$	30%
blau	20	$\frac{20}{100}$	20%
grün	35	$\frac{35}{100}$	35%

	Felder	Bruch	Prozent
gelb	18	$\frac{18}{100}$	18%
rot	4	$\frac{4}{100}$	4%
blau	12	$\frac{12}{100}$	12%
grün	66	$\frac{66}{100}$	66%

	Felder	Bruch	Prozent
gelb	8	$\frac{8}{100}$	8%
rot	16	$\frac{16}{100}$	16%
blau	32	$\frac{32}{100}$	32%
grün	44	$\frac{44}{100}$	44%

2 Färbe jeweils ein und ergänze die Tabellen.

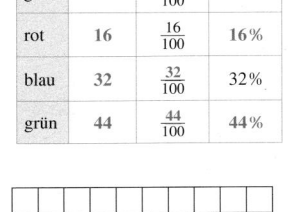

individuelle Lösung

	Felder	Bruch	Prozent
gelb	15	$\frac{3}{10} = \frac{30}{100}$	30%
rot	35	$\frac{5}{10} = \frac{50}{100}$	50%
blau	10	$\frac{2}{10} = \frac{20}{100}$	20%

	Felder	Bruch	Prozent
gelb	12	$\frac{2}{10} = \frac{20}{100}$	20%
rot	30	$\frac{5}{10} = \frac{10}{100}$	50%
blau		$\frac{3}{10} = \frac{30}{100}$	30%

	Felder	Bruch	Prozent
gelb	40	$\frac{5}{10} = \frac{50}{100}$	50%
rot	8	$\frac{1}{10} = \frac{10}{100}$	10%
blau		$\frac{4}{100} = \frac{40}{100}$	40%

3 Wandle zuerst in Brüche mit dem Nenner 100 und danach in Prozentschreibweise um.

a) $0,35 = \frac{35}{100} = 35\%$ b) $0,72 = \frac{72}{100} = 72\%$ c) $0,3 = \frac{30}{100} = 30\%$

d) $\frac{9}{10} = \frac{90}{100} = 90\%$ e) $\frac{1}{25} = \frac{4}{100} = 4\%$ f) $1,6 = \frac{160}{100} = 160\%$

4 Wandle in Dezimalbrüche um.

a) $12\% = 0,12$ b) $38\% = 0,38$ c) $7\% = 0,07$

d) $3\% = 0,03$ e) $1,5\% = 0,015$ f) $268\% = 2,68$

5 Wandle in Brüche um. Kürze gegebenenfalls.

a) $31\% = \frac{31}{100}$ b) $81\% = \frac{81}{100}$ c) $46\% = \frac{46}{100} = \frac{23}{50}$

d) $84\% = \frac{84}{100} = \frac{21}{25}$ e) $8\% = \frac{8}{100} = \frac{2}{25}$ f) $1,20\% = \frac{120}{100} = \frac{6}{5} = 1\frac{1}{5}$

6 Ergänze.

Bruch	$\frac{1}{100}$	$\frac{1}{10} = \frac{10}{100}$	$\frac{20}{100} = \frac{1}{5}$	$\frac{25}{100} = \frac{1}{4}$	$\frac{1}{2}$	$\frac{75}{100} = \frac{3}{4}$	$\frac{100}{100} = 1$
Dezimalbruch	0,01	0,1	0,2	0,25	0,5	0,75	1
Prozentschreibweise	1%	10%	20%	25%	50%	75%	100%

Anwenden und Vernetzen

7 Gib die Anteile in Prozent an.

a) 6 Stunden eines Tages sind 25% des Tages.   b) 12 Tage von 30 Tagen sind 40% der Tage.

c) 6 Monate eines Jahres sind 50% des Jahres.   d) 13 Wochen eines Jahres sind 25% des Jahres.

8 Sieger beim Korbwurf ist der Spieler mit dem höchsten Anteil an Treffern
Jeder darf vor seinem ersten Wurf die Anzahl seiner Würfe festlegen.

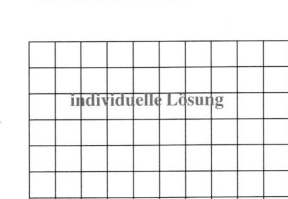

a) Wer belegte welchen Platz?

	Treffer	Würfe	Treffer in %	Platz
Leni	16	25	$\frac{16}{25} = \frac{64}{100} = 64\%$	4.
Jana	22	25	$\frac{22}{25} = \frac{88}{100} = 88\%$	1.
Lars	17	20	$\frac{17}{20} = \frac{85}{100} = 85\%$	2.
Eric	21	30	$\frac{21}{30} = \frac{70}{100} = 70\%$	3.

b) Wer warf besser, das Mädchenteam oder das Jungenteam?
z. B.
Treffer beider Mädchen: $\frac{38}{50} = 76\%$ Treffer beider Jungen: $\frac{38}{50} = 76\%$ Beide Teams warfen gleich gut.

c) Lars wollte, dass mindestens 70% seiner Würfe Treffer werden.
Wie viele Treffer wollte er demzufolge mindestens schaffen?

$\frac{70}{100} = \frac{14}{20}$ 14 Treffer wollte er mindestens schaffen.

Umwandeln von Brüchen in Dezimalbrüche

- Umwandeln mithilfe eines Bruchs mit dem Nenner 10 oder 100 oder 1000 oder … (Zehnerbruch)

  Beispiele: $\frac{1}{5} = \frac{20}{100} = 0{,}20 = 0{,}2$ $1\frac{1}{4} = \frac{5}{4} = \frac{125}{100} = \underline{\hspace{2cm}} \, 1{,}25$

- Umwandeln mithilfe der Division

  Beispiele: $\frac{1}{3}$

1	:	3	=	0,	3	3	…	= 0, $\overline{3}$
0								
→1	0							
	9							
	→1	0						
	9							
	⋮							

$\frac{17}{11}$

1	7	:	1	1	=	1,	$\overline{5}$	$\overline{4}$
1	1							
→6	0							
5	5							
5	0							
4	4							
→6	0							
⋮								

- Ein Dezimalbruch kann nach dem Komma entweder endlich viele Ziffern haben oder eine sich ständig wiederholende Ziffer oder Ziffernfolge besitzen, die man Periode nennt und mit einem Strich kennzeichnet.

▶ Auftrag: Ergänze den Dezimalbruch.

1 Ergänze.

a) Erweitere zuerst auf einen Zehnerbruch und schreibe diesen danach als Dezimalbruch.

Bruch	$\frac{2}{5}$	$\frac{27}{50}$	$\frac{3}{20}$	$\frac{123}{500}$	$\frac{3}{2}$	$\frac{8}{5}$	$\frac{111}{25}$	$\frac{102}{50}$
Zehnerbruch	$\frac{4}{10}$	$\frac{54}{100}$	$\frac{15}{100}$	$\frac{246}{1000}$	$\frac{15}{10}$	$\frac{16}{10}$	$\frac{444}{100}$	$\frac{204}{100}$
Dezimalbruch	0,4	0,54	0,15	0,246	1,50	1,6	4,44	2,04

b) Kürze zuerst auf einen Zehnerbruch und schreibe diesen danach als Dezimalbruch.

Bruch	$\frac{12}{20}$	$\frac{28}{40}$	$\frac{40}{800}$	$\frac{39}{300}$	$\frac{60}{50}$	$\frac{120}{50}$	$\frac{309}{30}$	$\frac{8002}{2000}$
Zehnerbruch	$\frac{6}{10}$	$\frac{7}{10}$	$\frac{5}{100}$	$\frac{13}{100}$	$\frac{12}{10}$	$\frac{24}{10}$	$\frac{103}{10}$	$\frac{4001}{1000}$
Dezimalbruch	0,6	0,7	0,05	0,13	1,2	2,4	10,3	4,001

c) Unterstreiche in den Tabellen bei den Teilaufgaben a und b jeweils die kleinsten Zahlen.

2 Wandle die Brüche mithilfe der Division in Dezimalbrüche um.

a) $\frac{19}{5} = \underline{3{,}8}$ b) $\frac{3}{4} = \underline{0{,}75}$ c) $\frac{17}{20} = \underline{0{,}85}$ d) $4\frac{1}{5} = \underline{4{,}2}$

1	9	:	5	=	3,	8
1	5					
4	0					
4	0					
	0					

3	:	4	=	0,	7	5
0						
3	0					
2	8					
	2	0				
	2	0				
		0				

1	7	:	2	0	=	0,	8	5
				0				
1	7	0						
1	6	0						
	1	0	0					
	1	0	0					
			0					

2	1	:	5	=	4,	2
2	0					
	1	0				
	1	0				
		0				

3 Wandle die Brüche mithilfe der Division in Dezimalbrüche um. Kennzeichne die Periode mit dem Strich.

a) $\frac{2}{3} = \underline{0{,}\overline{6}}$ b) $\frac{1}{9} = \underline{0{,}\overline{1}}$ c) $\frac{20}{11} = \underline{1{,}\overline{81}}$ d) $1\frac{4}{9} = \underline{1{,}\overline{4}}$

2	:	3	=	0,	$\overline{6}$
0					
2	0				
1	8				
	2	0			
	⋮				

1	:	9	=	0,	$\overline{1}$
0					
1	0				
	9				
	1	0			
	⋮				

2	0	:	1	1	=	1,	$\overline{8}$	$\overline{1}$
1	1							
9	0							
8	8							
	2	0						
	1	1						
	9	0						
	⋮							

1	3	:	9	=	1,	$\overline{4}$
	9					
4	0					
3	6					
	4	0				
	⋮					

4 Markiere gleichwertige Zahlen mit der gleichen Farbe.
Hinweis: Du benötigst fünf Farben.

$\frac{12}{99}$ A	$\frac{2}{9}$ B	$\frac{9}{2}$ C	$\frac{33}{4}$ D	$\frac{20}{9}$ E	$2\frac{2}{9}$ E	$4\frac{1}{2}$ C

$8\frac{1}{4}$ D	$\frac{4}{33}$ A	$\frac{20}{90}$ B	$0{,}\overline{2}$ B	$0{,}\overline{12}$ A	$2{,}\overline{2}$ E	4,5 C	8,25 D

5 Frau Holm will $\frac{1}{4}$ kg ihres Lieblingskäses kaufen.
Sie findet abgepackte Käsestücke mit folgenden Angaben:
243 g; 356 g; 264 g; 257 g; 399 g; 156 g; 142 g.

a) Ordne die Angaben nach der Größe.

$142\,g < 156\,g < 243\,g < 257\,g < 264\,g < 356\,g < 399\,g$

b) Welche Stücke sind am nächsten an der Größe $\frac{1}{4}$ kg?

Die 243-g- und 257-g-Stücke sind am nächsten.

6 Verbinde jeweils eine Zahl mit der nächstkleineren Zahl.
Hinweis: Nutze für Rechnungen ein zusätzliches Blatt.

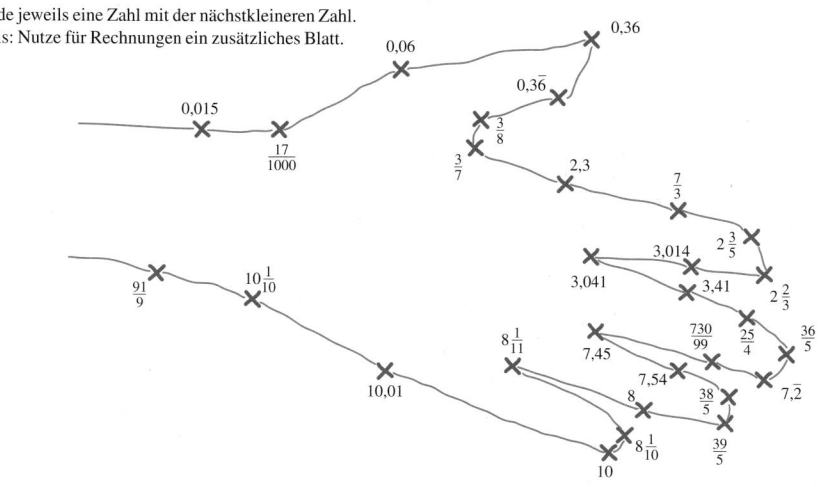

Winkel und Winkelarten

▶ Grundwissen

- Zwei Strahlen mit gemeinsamem Anfangspunkt bilden einen Winkel.
  Der Anfangspunkt heißt Scheitelpunkt des Winkels.
  Die beiden Strahlen heißen Schenkel des Winkels.

Scheitelpunkt — Schenkel — α — Winkel — Schenkel

$90°$ — $180°$ — $\alpha = 40°$ — $0°$ — $360°$ — $270°$

- Eine Einheit für die Größe eines Winkels ist Grad. Winkel der Größe ein Grad (1°) erhält man, wenn ein Kreis in 360 gleich große Teile unterteilt wird.

- Winkelarten im Überblick

spitzer Winkel — rechter Winkel — stumpfer Winkel — gestreckter Winkel — überstumpfer Winkel — Vollwinkel

▶ Auftrag: Ergänze die fehlenden Winkelbezeichnungen.

Trainieren

1 Ergänze die Winkelbezeichnungen.

a) Ein Winkel, dessen Größe zwischen 0° und 90° liegt, heißt **spitzer Winkel.**

b) Ein Winkel, dessen Größe zwischen 90° und 180° liegt, heißt **stumpfer Winkel.**

c) Ein Winkel, dessen Größe zwischen 180° und 360° liegt, heißt **überstumpfer Winkel.**

d) Ein Winkel, dessen Größe 90° beträgt, heißt **rechter Winkel.**

e) Ein Winkel, dessen Größe 180° beträgt, heißt **gestreckter Winkel.**

f) Ein Winkel, dessen Größe 360° beträgt, heißt **Vollwinkel.**

2 Streiche zuerst in den Zeichnungen den einen nicht passenden Winkel durch und ergänze die Winkelbezeichnungen.
Kreuze danach das Zutreffende an.
Hinweis: Mithilfe eines Blattes Papier können 90° und 180° große Winkel ermittelt werden.

		kleiner als 90°	90°	größer als 90°	kleiner als 180°	180°	größer als 180°
rechte	Winkel		×		×		
spitze	Winkel	×			×		
überstumpfe	Winkel			×			×
stumpfe	Winkel			×	×		

3 Ergänze entsprechende Winkelbögen.

a) rechter Winkel   b) stumpfer Winkel   c) überstumpfer Winkel   d) spitzer Winkel

4 Schätzen und markieren von Winkeln

a) Lege Farben fest und markiere entsprechende Winkel.

☐ rechte Winkel   ⎯⎯⎯⎯⎯⎯

☐ stumpfe Winkel   – – – – – –

☐ spitze Winkel   ·················

☐ überstumpfe Winkel   –·–·–·–·–

b) Schätze jeweils die Größe folgender Winkel.

$\alpha = $ __70° bis 80° (74°)__

$\beta = $ __100° bis 110° (106°)__

Anwenden und Vernetzen

5 Bei einem Billardspiel wird die weiße Kugel in die angegebene Richtung gestoßen.
Die Kugel prallt jeweils im gleichen Winkel von der Bande ab, wie sie auf die Bande trifft.
Ermittle, ob die Kugel innerhalb von 3 Bandenberührungen eine andere Kugel anstößt.

6 Gib die Größe der Winkel zwischen den Himmelsrichtungen an.

a) Norden und Osten   **90° (bzw. 270°)**

b) Süden und Nordwesten   **135° (bzw. 225°)**

c) Südwesten und Osten   **225° (bzw. 135°)**

Winkel messen und zeichnen

Winkel können mit dem Geodreieck gemessen und gezeichnet werden.

Beispiele:

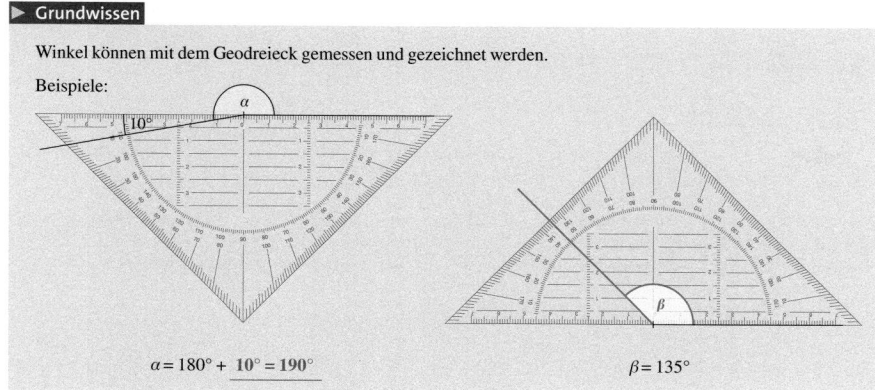

$\alpha = 180° + \underline{10°} = 190°$

$\beta = 135°$

► **Auftrag:** Gib zuerst die Größe von α an. Ergänze danach β.

Trainieren

1 Ordne die Winkelgrößen zu.

$65°$ $70°$ $72°$ $108°$ $110°$ $115°$

a)

b)

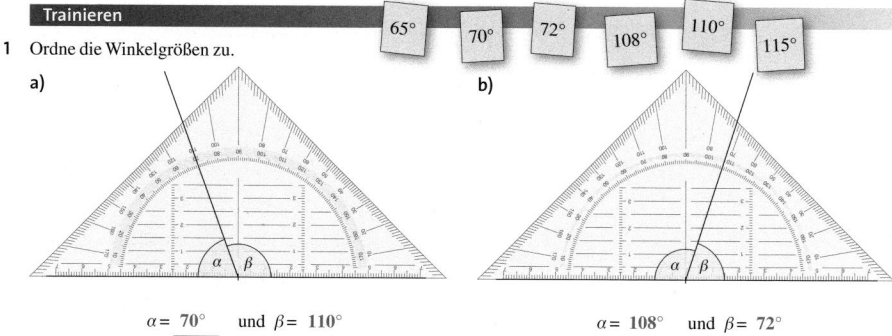

$\alpha = \underline{70°}$ und $\beta = \underline{110°}$

$\alpha = \underline{108°}$ und $\beta = \underline{72°}$

2 Trage die Winkelgrößen in die Winkelbögen ein.

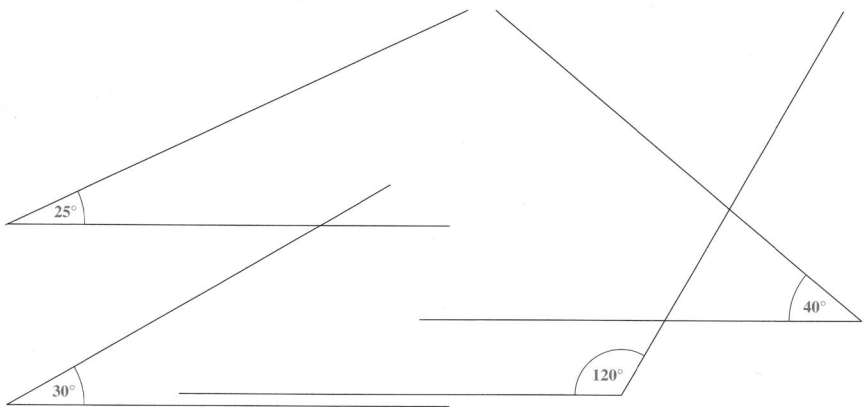

3 Ergänze jeweils zu einem Winkel mit der angegebenen Größe.

a) $\alpha = 50°$ b) $\beta = 150°$ c) $\gamma = 127°$

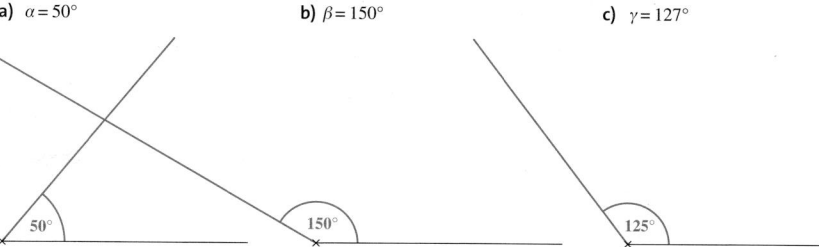

50°   150°   125°

Anwenden und Vernetzen

4 Winkel im und am Dreieck

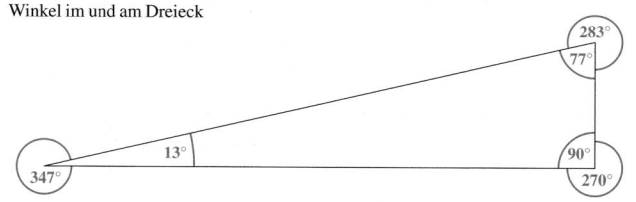

283° 77°   347° 13° 90° 270°

a) Trage die Winkelgrößen in die Winkelbögen ein.

b) Prüfe, ob die Innenwinkelsumme des Dreiecks 180° beträgt. $90° + 13° + 77° = 180°$ Es trifft somit zu.

c) Prüfe, ob die Außenwinkelsumme des Dreiecks 900° beträgt. $270° + 347° + 283° = 900°$ Es trifft somit zu.

5 Welcher Hase springt vom Ende der Linie in welchen Bau?

Löffelchen (oben)

	1. Sprung	2. Sprung	3. Sprung
Winkel	45° nach links	60° nach rechts	20° nach links
Länge	5 m	4,5 m	3,5 m

Öhrchen (unten)

	1. Sprung	2. Sprung	3. Sprung
Winkel	10° nach rechts	25° nach links	32° nach rechts
Länge	4 m	5 m	5 m

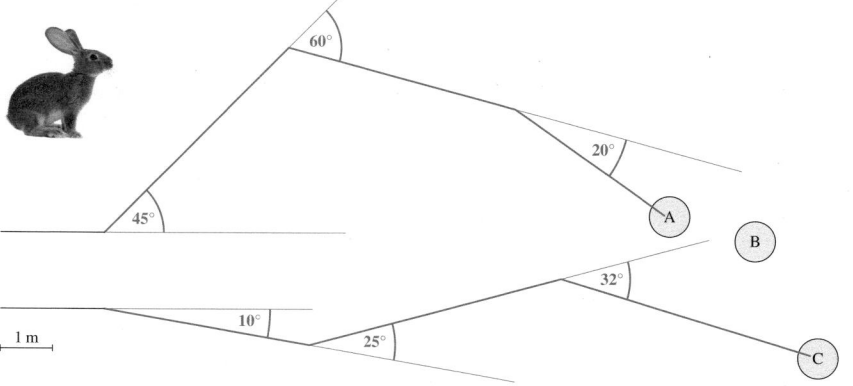

60°   20°   45°   A   B   32°   10°   25°   C   1 m

Brüche addieren und subtrahieren

▶ Grundwissen

Beispiele:

- Gleichnamige Brüche werden addiert, indem man die **Zähler** addiert. Der gemeinsame Nenner wird beibehalten.

$$\frac{7}{11}+\frac{2}{11}=\frac{7+2}{11}=\frac{9}{11}$$

- Gleichnamige Brüche werden subtrahiert, indem man die **Zähler** subtrahiert. Der gemeinsame Nenner wird beibehalten.

$$\frac{12}{17}-\frac{5}{17}=\frac{12-5}{17}=\frac{7}{17}$$

- Ungleichnamige Brüche werden zunächst auf den **gleichen Nenner** gebracht und danach addiert bzw. subtrahiert.

$$\frac{1}{3}+\frac{5}{6}=\frac{1\cdot2}{3\cdot2}+\frac{5}{6}=\frac{2}{6}+\frac{5}{6}=\frac{7}{6}$$

▶ **Auftrag:** Ergänze die Sätze.

Trainieren

1 Veranschauliche jeweils die gleichnamigen Brüche und ermittle das Ergebnis.

a) $\frac{1}{5}+\frac{3}{5}=\frac{4}{5}$ b) $\frac{5}{6}+\frac{5}{6}=\frac{10}{6}=\frac{5}{3}=1\frac{2}{3}$ c) $\frac{4}{5}-\frac{2}{5}=\frac{2}{5}$ d) $\frac{7}{6}-\frac{5}{6}=\frac{2}{6}=\frac{1}{3}$

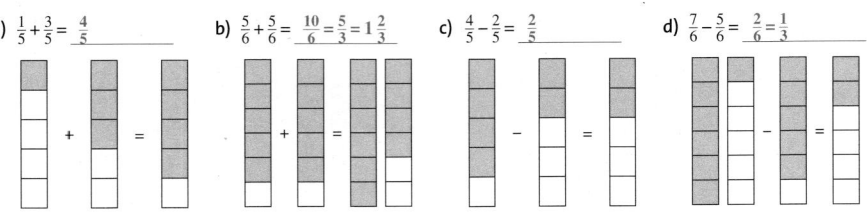

2 Addiere und subtrahiere. Kürze das Ergebnis so weit wie möglich.

a) $\frac{1}{3}+\frac{1}{3}=\frac{2}{3}$ b) $\frac{3}{8}+\frac{2}{8}=\frac{5}{8}$ c) $\frac{51}{60}-\frac{21}{60}=\frac{30}{60}=\frac{1}{2}$ d) $\frac{7}{9}-\frac{4}{9}=\frac{3}{9}=\frac{1}{3}$

3 Ergänze die Additionsmauern.

Mauer links:

	$\frac{33}{5}$	
$\frac{17}{5}$		$\frac{16}{5}$
$\frac{8}{5}$	$\frac{9}{5}$	$\frac{7}{5}$
$\frac{3}{5}$	$\frac{5}{5}$	$\frac{4}{5}$	$\frac{3}{5}$
$\frac{1}{5}$	$\frac{2}{5}$	$\frac{3}{5}$	$\frac{1}{5}$	$\frac{2}{5}$

Mauer rechts:

	$\frac{89}{13}$	
$\frac{46}{13}$		$\frac{43}{13}$
$\frac{24}{13}$	$\frac{22}{13}$	$\frac{21}{13}$
$\frac{9}{13}$	$\frac{15}{13}$	$\frac{7}{13}$	$\frac{14}{13}$
$\frac{1}{13}$	$\frac{8}{13}$	$\frac{7}{13}$	0	$\frac{14}{13}$

4 Veranschauliche jeweils die ungleichnamigen Brüche, erweitere passend und ermittle das Ergebnis.

a) $\frac{1}{6}+\frac{2}{3}=\frac{1}{6}+\frac{4}{6}=\frac{5}{6}$ b) $\frac{1}{3}+\frac{1}{2}=\frac{2}{6}+\frac{3}{6}=\frac{5}{6}$ c) $\frac{1}{2}-\frac{1}{6}=\frac{3}{6}-\frac{1}{6}=\frac{2}{6}=\frac{1}{3}$ d) $\frac{1}{2}-\frac{2}{5}=\frac{5}{10}-\frac{4}{10}=\frac{1}{10}$

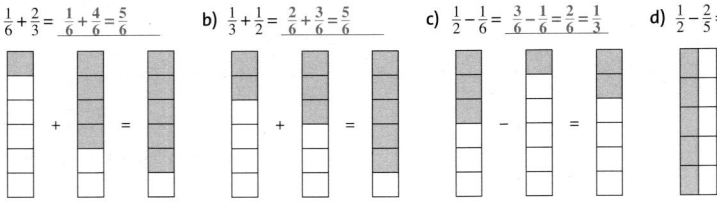

5 Addiere und subtrahiere. Kürze das Ergebnis so weit wie möglich.

a) $\frac{4}{7}+\frac{3}{14}=\frac{8}{14}+\frac{3}{14}=\frac{11}{14}$ b) $\frac{8}{9}+\frac{2}{3}=\frac{8}{9}+\frac{6}{9}=\frac{14}{9}$ c) $\frac{2}{5}+\frac{6}{7}=\frac{14}{35}+\frac{30}{35}=\frac{44}{35}$

d) $\frac{4}{5}-\frac{1}{2}=\frac{8}{10}-\frac{5}{10}=\frac{3}{10}$ e) $\frac{6}{7}-\frac{2}{3}=\frac{18}{21}-\frac{14}{21}=\frac{4}{21}$ f) $\frac{3}{100}-\frac{5}{200}=\frac{6}{200}-\frac{5}{200}=\frac{1}{200}$

g) $\frac{13}{6}+\frac{1}{5}=\frac{65}{30}+\frac{6}{30}=\frac{71}{30}$ h) $\frac{7}{12}-\frac{2}{5}=\frac{35}{60}-\frac{24}{60}=\frac{11}{60}$ i) $\frac{3}{4}-\frac{2}{11}=\frac{33}{44}-\frac{8}{44}=\frac{25}{44}$

6 Schreibe jeweils eine Additionsaufgabe und eine Subtraktionsaufgabe zu den Figuren auf. Löse diese. Hinweis: Kontrolliere deine Ergebnisse durch Nachzählen der Kästchen.

a)   b)   c)

z. B.

a) $\frac{12}{30}+\frac{6}{30}=\frac{18}{30}$ b) $\frac{1}{3}+\frac{3}{6}=\frac{2}{6}+\frac{3}{6}=\frac{5}{6}$ c) $\frac{3}{30}+\frac{8}{30}=\frac{11}{30}$

$\frac{30}{30}-\frac{6}{30}=\frac{24}{30}$ $\frac{4}{6}-\frac{4}{24}=\frac{4}{6}-\frac{1}{6}=\frac{3}{6}=\frac{1}{2}$ $\frac{30}{30}-\frac{3}{30}=\frac{27}{30}$

Anwenden und Vernetzen

7 Bereits vor über 4 000 Jahren verwendeten einige Ägypter Zeichen für Brüche neben Zeichen für natürliche Zahlen. Weiter unten sind einige der Zeichen abgebildet.

Einen Bruch kennzeichneten sie im Normalfall mit der Hieroglyphe „Mund":

Beliebige Brüche wurden als Summe von möglichst großen Brüchen mit dem Zähler 1 geschrieben. Da sie überwiegend mit Brüchen mit dem Zähler 1 arbeiteten, genügte es, dieses Zeichen zu schreiben.

Brüche mit dem Zähler 1:

$\frac{1}{5}$ $\frac{1}{10}$ $\frac{1}{32}$ $\frac{1}{100}$

Für häufig vorkommende Brüche gab es besondere Zeichen:

$\frac{1}{2}$ $\frac{1}{3}$ $\frac{1}{4}$ $\frac{2}{3}$ $\frac{3}{4}$

1:	(Strich)
10:	(Henkel)
100:	(Strick)
1000:	(Lotuspflanze)

a) Ermittle die Ergebnisse folgender Aufgaben.

$\frac{1}{2}+\frac{1}{110}+\frac{1}{55}=\frac{55}{110}+\frac{1}{110}+\frac{2}{110}=\frac{58}{110}=\frac{29}{55}$

$\frac{2}{3}-\frac{1}{4}-\frac{1}{12}+\frac{1}{24}=\frac{16}{24}-\frac{6}{24}-\frac{2}{24}+\frac{1}{24}=\frac{9}{24}=\frac{3}{8}$

b) Stelle weitere Aufgaben und löse diese. Hinweis: Kontrolliert die Ergebnisse gegenseitig.   **individuelle Lösungen**

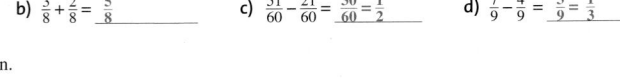
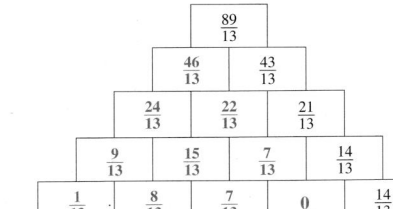
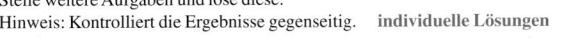

Dezimalbrüche addieren und subtrahieren

▶ Grundwissen

- Beim Rechnen mit Dezimalbrüchen ist, wie bei natürlichen Zahlen, der Stellenwert zu beachten.
  Beim schriftlichen Addieren bzw. Subtrahieren ist darauf zu achten, dass

  Komma **unter** _____ Komma steht.

  Im Ergebnis darf das **Komma** _____ nicht vergessen werden.

			1,	2	7			7	0,	4	3
+		3	2,	8	0	−				6,	2	1
		3	4,	0	7	✓			6	4,	2	2	✓

- Mithilfe eines Überschlags sollte jeweils geprüft werden, ob das Ergebnis stimmen kann.

▶ **Auftrag:** Ergänze jeweils das fehlende Wort.

Trainieren

1 Rechne im Kopf.

a) $0,2 + 0,7 =$ __0,9__   b) $0,4 + 1,2 =$ __1,6__   c) $0,8 + 0,09 =$ __0,89__   d) $1,05 + 0,23 =$ __1,28__

e) $0,9 - 0,3 =$ __0,6__   f) $5,4 + 3,1 =$ __8,5__   g) $0,7 - 0,09 =$ __0,61__   h) $4,08 - 0,58 =$ __3,50__

2 Ergänze die Additionsmauern.

a)
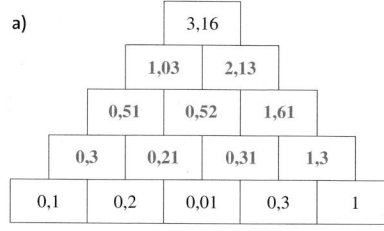

b)
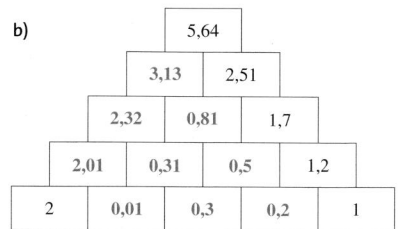

3 Schreibe zuerst das Ergebnis des Überschlags auf. Rechne danach schriftlich.

a) $254,332 + 250,321$

b) $496,576 + 78,504$

c) $1,857 + 99,98$

$250 + 250 = 500$

$500 + 80 = 580$

$2 + 100 = 102$

	2	5	4,	3	3	2
+	2	5	0,	3	2	1
		1				
	5	0	4,	6	5	3

		4	9	6,	5	7	6
+			7	8,	5	0	4
			1	1	1		1
		5	7	5,	0	8	0

				1,	8	5	7
+		9	9,	9	8	0	
			1	1	1	1	
	1	0	1,	8	3	7	

d) $350,444 - 305,999$

e) $278,37 - 28,792$

f) $476,57 - 76,576$

$350 - 300 = 50$

$280 - 30 = 250$

$480 - 80 = 400$

	3	5	0,	4	4	4
−	3	0	5,	9	9	9
			1	1	1	
		4	4,	4	4	5

		2	7	8,	3	7	0
−			2	8,	7	9	2
			1	1	1	1	
		2	4	9,	5	7	8

		4	7	6,	5	7	0
−			7	6,	5	7	6
			1	1	1	1	1
		3	9	9,	9	9	4

4 Ordne mithilfe des Überschlags jeder Aufgabe ihr Ergebnis zu.
Zeichne Linien ein.

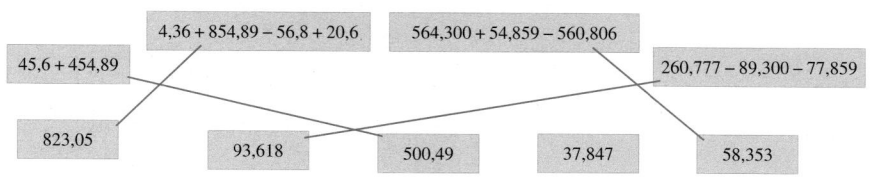

| $45,6 + 454,89$ | $4,36 + 854,89 - 56,8 + 20,6$ | $564,300 + 54,859 - 560,806$ | $260,777 - 89,300 - 77,859$ |

823,05   93,618   500,49   37,847   58,353

5 Ergänze die Rechenzeichen „+" bzw. „−" und die Kommas in den Ergebnissen.
Schreibe jeweils deinen Überschlag auf.
Zusatzaufgabe: Berechne die Ergebnisse auf einem zusätzlichen Blatt.

a) $784,18$ ☐+☐ $35,61 = 8\,1\,9,7\,9$ Überschlag: $800 + 40 = 840$

b) $686,61$ ☐−☐ $2,369 = 6\,8\,4,2\,4\,1$ Überschlag: $700 - 2 = 698$

c) $414,949$ ☐−☐ $15,007$ ☐+☐ $72,583 = 4\,7\,2,5\,2\,5$ Überschlag: $400 - 10 + 70 = 460$

d) $92,369$ ☐−☐ $48,654$ ☐−☐ $41,44932 = 2,2\,6\,5\,6\,8$ Überschlag: $90 - 50 - 40 = 0$

e) $4\,032,401$ ☐−☐ $457,59$ ☐+☐ $928,71$ ☐−☐ $927,45 = 3\,5\,7\,6,0\,7\,1$ Überschlag: $4\,000 - 500 + 1\,000 - 1\,000 = 3\,500$

Anwenden und Vernetzen

6 Ein Architekt hat die Flächeninhalte der Räume der Ferienwohnungen notiert.

	Wohnung Typ A	Wohnung Typ B	Wohnung Typ C	Wohnung Typ D
Zimmer	$22,25\,\text{m}^2$	$16,7\,\text{m}^2$	$23,25\,\text{m}^2$	$17,75\,\text{m}^2$
Bad	$8,75\,\text{m}^2$	$6,75\,\text{m}^2$	$5,25\,\text{m}^2$	$7,5\,\text{m}^2$
Diele mit Kochecke	−	$4,25\,\text{m}^2$	−	$6,5\,\text{m}^2$
Diele	$3,6\,\text{m}^2$	−	$5,25\,\text{m}^2$	−
Größe	$34,6\,\text{m}^2$	$27,7\,\text{m}^2$	$33,75\,\text{m}^2$	$31,75\,\text{m}^2$

a) Ergänze die Größe jeder Wohnung in der Tabelle.

b) $100\,\text{m}^2$ Auslegware wurden für Böden in den Zimmern bestellt.
Mit wie viel Prozent Verschnitt bzw. Abfall wird demzufolge gerechnet?
Was meinst du dazu?
$100\,\text{m}^2 - (22,25\,\text{m}^2 + 16,7\,\text{m}^2 + 23,25\,\text{m}^2 + 17,75\,\text{m}^2) = 20,05\,\text{m}^2$
$20,5\,\text{m}^2 : 100\,\text{m}^2 = 0,205 = 20,5\,\%$
Mit 20,5 % Verschnitt bzw. Abfall wird demzufolge gerechnet.
Es wurde vermutlich zu viel bestellt oder der Zuschnitt ist sehr ungünstig.

c) $50\,\text{m}^2$ Fliesen wurden für Böden in den Bädern und Dielen bestellt.
Mit wie viel Prozent Verschnitt bzw. Abfall wird demzufolge gerechnet?
$50\,\text{m}^2 - (8,75\,\text{m}^2 + 6,75\,\text{m}^2 + 5,25\,\text{m}^2 + 7,5\,\text{m}^2 + 3,6\,\text{m}^2 + 4,25\,\text{m}^2 + 5,25\,\text{m}^2 + 6,5\,\text{m}^2) = 2,15\,\text{m}^2$
$2,15\,\text{m}^2 : 50\,\text{m}^2 = 0,043 = 4,3\,\%$

Mit nur 4,3 % Verschnitt bzw. Abfall wird demzufolge gerechnet.

Gemischte Zahlen addieren und subtrahieren

▶ Grundwissen

- Rechenweg A: Die gemischten Zahlen werden vor dem Addieren bzw. Subtrahieren in gemeine Brüche umgewandelt.

- Rechenweg B: Die gemischten Zahlen werden als gemischte Zahlen addiert bzw. subtrahiert.
Ist beim Subtrahieren der Bruch des Subtrahenden größer als der des Minuenden, so muss ein Ganzes zum Bruch umgewandelt werden.

Beispiele:

$2\frac{1}{4} + 1\frac{1}{2} = \frac{9}{4} + \frac{3}{2} = \frac{9}{4} + \frac{6}{4} = \frac{15}{4} = 3\frac{3}{4}$

$2\frac{1}{4} - 1\frac{1}{2} = \frac{9}{4} - \frac{3}{2} = \frac{9}{4} - \frac{6}{4} = \frac{3}{4}$

$2\frac{1}{4} + 1\frac{1}{2} = 2\frac{1}{4} + 1\frac{2}{4} = (2+1) + \left(\frac{1}{4} + \frac{2}{4}\right) = 3\frac{3}{4}$

$2\frac{1}{4} - 1\frac{1}{2} = 1\frac{5}{4} - 1\frac{2}{4} = (1-1) + \left(\frac{5}{4} - \frac{2}{4}\right) = \frac{3}{4}$

▶ Auftrag: Ergänze die vier fehlenden gleichnamigen Brüche.

Trainieren

1 Wandle in gemeine Brüche um und addiere.
Zusatzaufgabe: Überprüfe deine Ergebnisse durch Addieren der gemischten Zahlen (Rechenweg B).

a) $1\frac{8}{11} + 1\frac{1}{11} = \frac{19}{11} + \frac{12}{11} = \frac{31}{11} = 2\frac{9}{11}$

b) $2\frac{3}{5} + 1\frac{1}{10} = \frac{13}{5} + \frac{11}{10} = \frac{26}{10} + \frac{11}{10} = \frac{37}{10} = 3\frac{7}{10}$

c) $5\frac{1}{3} + 4\frac{1}{6} = \frac{16}{3} + \frac{25}{6} = \frac{32}{6} + \frac{25}{6} = \frac{57}{6} = 9\frac{3}{6} = 9\frac{1}{2}$

d) $8\frac{4}{7} + 1\frac{1}{3} = \frac{60}{7} + \frac{4}{3} = \frac{180}{21} + \frac{28}{21} = \frac{208}{21} = 9\frac{19}{21}$

e) $10\frac{1}{5} + 3\frac{3}{4} = \frac{51}{5} + \frac{15}{4} = \frac{204}{20} + \frac{75}{20} = \frac{279}{20} = 13\frac{19}{20}$

2 Wandle in gemeine Brüche um und subtrahiere.
Zusatzaufgabe: Überprüfe deine Ergebnisse durch Subtrahieren der gemischten Zahlen (Rechenweg B).

a) $1\frac{8}{11} - 1\frac{1}{11} = \frac{19}{11} - \frac{12}{11} = \frac{7}{11}$

b) $2\frac{4}{5} - 1\frac{3}{10} = \frac{14}{5} - \frac{13}{10} = \frac{28}{10} - \frac{13}{10} = \frac{15}{10} = 1\frac{5}{10} = 1\frac{1}{2}$

c) $5\frac{1}{4} - 3\frac{2}{3} = \frac{21}{4} - \frac{11}{3} = \frac{63}{12} - \frac{44}{12} = \frac{19}{12} = 1\frac{7}{12}$

d) $8\frac{1}{6} - 6\frac{4}{5} = \frac{49}{6} - \frac{34}{5} = \frac{245}{30} - \frac{204}{30} = \frac{41}{30} = 1\frac{11}{30}$

e) $9\frac{1}{5} - 8\frac{3}{4} = \frac{46}{5} - \frac{35}{4} = \frac{184}{20} - \frac{175}{20} = \frac{9}{20}$

3 Addiere und Subtrahiere.
Hinweis: Überlege bei jeder Aufgabe, welchen Rechenweg du nutzt.

a) $9\frac{5}{12} + 2\frac{1}{6} = \quad 11\frac{7}{12}$

b) $8 - 4\frac{2}{3} = \quad 3\frac{1}{3}$

c) $3\frac{8}{9} + 4\frac{2}{3} = \quad 8\frac{5}{9}$

d) $3\frac{3}{4} - 2\frac{1}{4} = \quad 1\frac{1}{2}$

e) $3\frac{5}{7} + 1\frac{3}{14} = \quad 4\frac{13}{14}$

f) $6\frac{1}{4} - 5\frac{1}{8} = \quad 1\frac{1}{8}$

g) $6\frac{1}{6} + 7\frac{5}{12} = \quad 13\frac{7}{12}$

h) $2\frac{1}{3} - 1\frac{2}{3} = \quad \frac{2}{3}$

i) $8\frac{3}{8} + 1\frac{1}{4} = \quad 9\frac{5}{8}$

j) $18\frac{1}{5} - 15\frac{7}{10} = \quad 2\frac{1}{2}$

4 Ergänze die Additionsmauern.
Hinweis: Rechne, wenn nötig, auf einem zusätzlichen Blatt.

a)

	$26\frac{1}{4}$		
	$9\frac{1}{4}$	17	
$3\frac{1}{2}$	$5\frac{3}{4}$	$11\frac{1}{4}$	
$1\frac{1}{2}$	2	$3\frac{3}{4}$	$7\frac{1}{2}$
$1\frac{1}{4}$	$\frac{1}{4}$	$1\frac{3}{4}$	2	$5\frac{1}{2}$

b)

	43		
	$20\frac{1}{2}$	$22\frac{1}{2}$	
$7\frac{2}{3}$	$12\frac{5}{6}$	$9\frac{2}{3}$	
2	$5\frac{2}{3}$	$7\frac{1}{6}$	$2\frac{1}{2}$
$1\frac{1}{3}$	$\frac{2}{3}$	5	$2\frac{1}{6}$	$\frac{1}{3}$

c)

	$14\frac{1}{3}$		
	$6\frac{5}{6}$	$7\frac{1}{2}$	
4	$2\frac{5}{6}$	$4\frac{2}{3}$	
$2\frac{1}{2}$	$1\frac{1}{2}$	$1\frac{1}{3}$	$3\frac{1}{3}$
2	$\frac{1}{2}$	1	$\frac{1}{3}$	3

d)

	$34\frac{4}{5}$		
	$18\frac{1}{10}$	$16\frac{7}{10}$	
$9\frac{3}{5}$	$8\frac{7}{10}$	8	
$5\frac{1}{5}$	$4\frac{1}{5}$	$4\frac{1}{2}$	$3\frac{1}{2}$
5	$\frac{1}{5}$	4	$\frac{1}{2}$	3

5 Ergänze jeweils drei Zahlen der Spieler, sodass das Ergebnis in den Toren steht.
Zusatzaufgabe: Stellt euch gegenseitig weitere Aufgaben mit neuen „Spielzahlen" oder „Torzahlen".

a) $3\frac{3}{4} + \underline{5} + \frac{3}{4} + \frac{1}{2} = 10$

b) $\frac{1}{5} + \underline{1\frac{3}{10}} + 8 + \frac{1}{2} = 10$

c) $9\frac{3}{5} - \underline{8} - 1\frac{3}{10} - \frac{3}{10} = 0$

d) $7\frac{1}{20} - \frac{3}{4} - 1\frac{3}{10} - 5 = 0$

Anwenden und Vernetzen

6 Markiere gleichwertige Ausdrücke mit der gleichen Farbe.
Hinweis: Du benötigst fünf Farben.

$15,17 + 64,95$ A	$\frac{6}{7} + \frac{2}{3}$ B
$\frac{21}{14} + \frac{12}{14}$ C	$15,17 + 6,4$ D
$15\frac{17}{100} + 64 + 0,95$ A	

$\frac{2}{3} + \frac{6}{7}$ B	$\frac{6}{7} + 1\frac{1}{5}$ E
$64 + 0,95 + 15,17$ A	$\frac{3}{7} + \frac{1}{3} + \frac{3}{7} + \frac{1}{3}$ B
$1\frac{1}{5} + \frac{6}{7}$ E	$15\frac{17}{100} + 64 + \frac{95}{100}$ A

$64,95 + 15,17$ A	$\frac{1}{3} + \frac{6}{7} + \frac{1}{3}$ B
$\frac{95}{100} + 15\frac{17}{100} + 64$ A	$\frac{3}{2} + \frac{6}{7}$ C
$6\frac{2}{5} + 15\frac{17}{100}$ D	

7 Mia und Magnus sollen fünf Kugeln vom Kugelstoßring zum Lager bringen.
Auf jeder Kugel steht, wie schwer sie ist.
$2\frac{1}{4}$ kg; 5 kg 250 g; $5\frac{1}{4}$ kg; 3 000 g; 5 500 g

a) Welche beiden Kugeln sind am leichtesten? Welche beiden Kugeln sind am schwersten?

Die Kugeln mit $2\frac{1}{4}$ kg und 3 000 g sind am leichtesten. Die Kugeln mit $5\frac{1}{4}$ kg und 5 500 g sind am schwersten.

b) Berechne, wie schwer alle Kugeln zusammen sind.

$2\frac{1}{4}$ kg $+ 5\frac{1}{4}$ kg $+ 5\frac{1}{4}$ kg $+ 3$ kg $+ 5\frac{1}{2}$ kg $= 21\frac{1}{4}$ kg

Die fünf Kugeln wiegen zusammen $21\frac{1}{4}$ kg.

Dezimalbrüche multiplizieren

▶ **Grundwissen**

- Beim Multiplizieren von Dezimalbrüchen

  wird zunächst <u>ohne</u> Berücksichtigung des Kommas multipliziert,

  danach wird im Ergebnis das Komma so gesetzt,
  dass es nach dem Komma genauso viele Stellen gibt,

  wie <u>die Faktoren zusammen nach dem Komma Stellen haben.</u>

Beispiel:

	3,	1	7	·	1,	3
		3	1	7		
			9	5	1	
		4,	1	2	1	✓

- Mithilfe eines Überschlags sollte jeweils geprüft werden, ob das Ergebnis stimmen kann.

▶ Auftrag: Ergänze den Text.

Trainieren

1 Trage die Produkte ein.

·	1000	100	10	1	0,1	0,001	0,005	0,25
0,1	100	10	1	0,1	0,01	0,000 1	0,000 5	0,025
0,02	20	2	0,2	0,02	0,002	0,000 02	0,000 10	0,005 0
0,003	3	0,3	0,03	0,003	0,000 3	0,000 003	0,000 015	0,000 75

2 Rechne im Kopf.

a) $3 \cdot 1,2 = $ __3,6__

b) $1,8 \cdot 2 = $ __3,6__

c) $0,3 \cdot 0,7 = $ __0,21__

d) $3,5 \cdot 2,0 = $ __7,0__

e) $2,5 \cdot 0,2 = $ __0,5__

f) $30,5 \cdot 10 = $ __305__

g) $0,47 \cdot 0,20 = $ __0,094__

h) $10,12 \cdot 0,04 = $ __0,404 8__

i) $0,52 \cdot 0,04 = $ __0,020 8__

3 Ergänze die Multiplikationsmauern.

a)
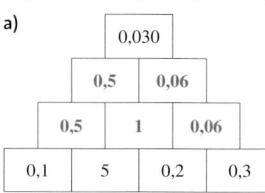

b)
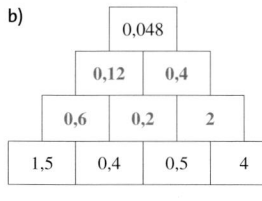

c)
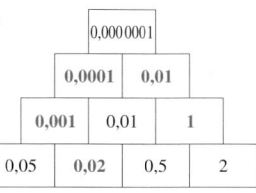

4 Ordne mithilfe des Überschlags jeder Aufgabe ihr Ergebnis zu. Zeichne Linien ein.

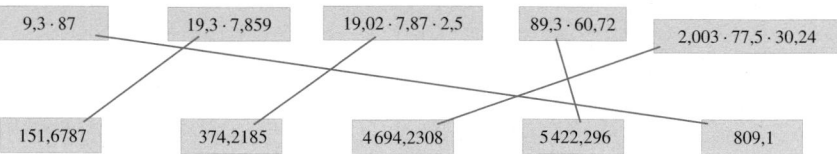

$9,3 \cdot 87$ | $19,3 \cdot 7,859$ | $19,02 \cdot 7,87 \cdot 2,5$ | $89,3 \cdot 60,72$ | $2,003 \cdot 77,5 \cdot 30,24$

151,6787 | 374,2185 | 4694,2308 | 5422,296 | 809,1

5 Rechne schriftlich. Überschlage das Ergebnis jeweils im Kopf.

a) $51,32 \cdot 25,3$

5	1,	3	2	·	2	5,	3
	1	0	2	6	4		
	2	5	6	6	0		
	1	5	3	9	6		
		1	1				
1	2	9	8,	3	9	6	

b) $6,576 \cdot 1,04$

6,	5	7	6	·	1,	0	4
		6	5	7	6		
		0	0	0	0		
		2	6	3	0	4	
			1				
6,	8	3	9	0	4		

c) $0,857 \cdot 2,98$

0,	8	5	7	·	2,	9	8
		1	7	1	4		
		7	7	1	3		
		6	8	5	6		
		1	1	1			
2,	5	5	3	8	6		

d) $305,2 \cdot 50,05$

3	0	5,	2	·	5	0,	0	5
	1	5	2	6	0			
	0	0	0	0	0			
	0	0	0	0	0			
		1	5	2	6	0		
1	5	2	7	5,	2	6	0	

e) $278,37 \cdot 28,79$

2	7	8,	3	7	·	2	8,	7	9
	5	5	6	7	4				
	2	2	2	6	9	6			
	1	9	4	8	5	9			
	2	5	0	5	3	3			
	1	2	2	2	1	1			
8	0	1	4,	2	7	2	3		

f) $476,576 \cdot 76,5$

4	7	6,	5	7	6	·	7	6,	5
	3	3	3	6	0	3	2		
	2	8	5	9	4	5	6		
	2	3	8	2	8	8	0		
	1	1	1	1	1				
3	6	4	5	8,	0	6	4	0	

Anwenden und Vernetzen

6 Ole möchte seine Freunde zu Kuchen einladen. Er kauft 3 Stück Apfelkuchen zu je 1,05 € und 4 Stück Zuckerkuchen zu 0,95 €. Er rechnet im Kopf aus, dass alles zusammen 6,95 € kostet.
Stimmt sein Ergebnis?
Schreibe zwei Ausdrücke auf, die zeigen, wie der Gesamtpreis berechnet werden kann.

Das Ergebnis stimmt, denn:
z. B.

1. $3 \cdot 1,05 € + 4 \cdot 0,95 € = 3,15 € + 3,80 € = 6,95 €$

2. $7 \cdot 1 € + 3 \cdot 0,05 € - 4 \cdot 0,05 € = 7 € - 0,05 € = 6,95 €$

7 Frau Schmidt möchte im Garten auf zwei Flächen Rasen neu säen.
Eine Rasenfläche soll ein Quadrat mit 3,70 m Seitenlänge sein.
Die andere Rasenfläche bekommt die Form eines Rechtecks mit 5,40 m und 11,70 m langen Seiten.
Im Baumarkt hat sie die Wahl zwischen Tüten mit 1 kg Rasensamen für 19,99 €, die für ca. 50 m² reichen,
und Tüten mit 500 g Rasensamen für 9,99 €, die für ca. 25 m² reichen.
Welche sollte Frau Schmidt kaufen? Begründe deine Entscheidung.

Rasenfläche 1:				Rasenfläche 2:				Gesamtfläche:		
3,	7	·	3, 7	1 1,	7	·	5, 4		1	3, 6	9
	1	1	1		5	8	5		+ 6	3, 1	8
	2	5	9		4	6	8			1	
		1	1			1	1		7	6, 8	7
1	3,	6	9	6	3,	1	8				

Die Tüten mit 500 g sind günstiger. Frau Schmidt kauft für 76,87 m² höchstens 4 Tüten mit 500 g Samen. Bei 2 kg

Rasensamen spart sie so 0,02 €. (Vermutlich wird sie nur für 75 m² Rasensamen kaufen. Dieser kostet 29,97 €.)

Dezimalbrüche dividieren

▶ Grundwissen

• Beim Dividieren von zwei Dezimalbrüchen

werden zuerst beide Zahlen jeweils so oft mit 10 multipliziert,

bis der Divisor eine natürliche Zahl ist,

danach wird ohne Berücksichtigung des Kommas dividiert,

jedoch beim Überschreiten des **Kommas**

im Dividenden wird im **Ergebnis** ein Komma gesetzt.

• Mithilfe eines Überschlags sollte jeweils geprüft werden, ob das Ergebnis stimmen kann.

Beispiel:

```
3 , 1 9 5 : 1 , 5

3 1 , 9 5 : 1 5 = 2 , 1 3 ✓
3 0
   1 9
   1 5
      4 5
      4 5
         0
```

▶ Auftrag: Ergänze den Text.

Trainieren

1 Trage die Quotienten ein.
In der ersten Spalte steht jeweils der Dividend und in der ersten Zeile steht jeweils der Divisor.
Hinweis: Überlege, ob jedes Ergebnis zu den anderen Ergebnissen in der Zeile und Spalte passt.

:	1000	100	10	1	0,1	0,001	0,005	0,25
1	0,001	0,01	0,1	1	10	1 000	200	4
0,1	0,000 1	0,001	0,01	0,1	1	100	20	0,4
0,02	0,000 02	0,000 2	0,002	0,02	0,2	20	4	0,08
0,25	0,000 25	0,002 5	0,025	0,25	2,5	250	50	1

2 Ergänze die Multiplikationsmauern.
Hinweis: Rechne, wenn nötig, auf einem zusätzlichen Blatt.

a)
```
        25,6
      8      3,2
   1     8      0,4
 0,1  10   0,8    0,5
```

b)
```
          0,22
       5,5     0,04
    5,5    1      0,04
 0,11   50   0,02    2
```

c)
```
            0,0768
        0,24      0,32
     0,06    0,4      0,8
  0,12   0,5    0,08    10
```

3 Ordne mithilfe des Überschlags jeder Aufgabe ihr Ergebnis zu. Zeichne Linien ein.
Zusatzaufgabe: Berechne auf einem zusätzlichen Blatt die Ergebnisse.

1,701 : 5,67   16,672 : 3,2   2,175 : 0,5   139,15 : 2,3   53,536 : 5,6   10,53 : 0,5

4,35   60,5   0,3   21,06   5,21   205,4   9,56

4 Dividiere schriftlich. Überschlage das Ergebnis jeweils im Kopf.

a) 9,18 : 2

```
9 , 1 8 : 2 = 4 , 5 9
8
1 1
1 0
  1 8
  1 8
    0
```

b) 5,16 : 0,3

```
5 1 , 6 : 3 = 1 7 , 2
3
2 1
2 1
  0 6
    6
    0
```

c) 34,08 : 0,4

```
3 4 0 , 8 : 4 = 8 5 , 2
3 2
  2 0
  2 0
    0 8
      8
      0
```

5 Entscheide ohne zu rechnen, welche Aufgaben das gleiche Ergebnis haben. Ermittle danach die Ergebnisse.

a) 52,32 : 0,3 = __174,4__

b) 6,050 : 0,25 = __24,2__

c) 523,2 : 3 = __174,4__

d) 5,2 : 0,05 = __104__

e) 60,5 : 2,5 = __24,2__

f) 52,32 : 3 = __17,44__

g) 605 : 25 = __24,2__

h) 520 : 5 = __104__

i) 52 : 0,5 = __104__

Anwenden und Vernetzen

6 Im Inneren des Berliner Fernsehturms führt für den Notfall eine Treppe von der Aussichtsplattform in 203 m Höhe nach unten. Die Stufen der Treppe sind rund 17,5 cm hoch.

a) Berechne, wie viele Stufen diese Treppe hat.
Runde auf ein Vielfaches von Hundert.

```
2 0 3 0 0 0 : 1 7 5 = 1 1 6 0
1 7 5
    2 8 0
    1 7 5
    1 0 5 0
    1 0 5 0
          0
```

Die Treppe hat ca. 1 200 Stufen.

b) Schätze, wie lange man – bei normalem Tempo – von der Aussichtsplattform bis nach unten läuft.

individuelle Lösung

Körper beschreiben und zeichnen

▶ Grundwissen

Würfel	Quader	Prisma
Kegel	Pyramide	Zylinder

▶ **Auftrag:** Benenne die Körper.

Trainieren

1 Körperformen im Alltag

a) Suche auf den Fotos jeweils ein Beispiel für jede der Körperformen und umrande diese. **individuelle Lösung**
Lege zuvor Farben fest.
Hinweis: Kontrolliert die Ergebnisse gegenseitig.

☐ Würfel   ☐ Quader   ☐ Pyramide   ☐ Kegel   ☐ Prisma   ☐ Zylinder   ☐ Kugel

b) Wie viele Quader und Würfel sind im ersten Bild zu sehen?

Würfel: __4__   Quader: __10__   (4 Würfel und 6 weitere Quader)

2 In einem Spiel sollen Gegenstände erraten werden. Ordne jedem Gegenstand eine Körperform zu, die bei der Beschreibung des Gegenstandes hilfreich sein kann.
Hinweis: Jede Körperform darf nur einmal verwendet werden.

a) Schuhkarton: **Quader**

b) Hausdach: **Prisma**

c) Konservendose: **Zylinder**

d) Spitze eines Stiftes: **Kegel**

e) Fußball: **Kugel**

f) Kirchturmdach: **Pyramide**

3 Ergänze die Tabelle.

Körper	Anzahl der …			Art der Begrenzungsflächen
	Ecken	Kanten	Flächen	
Würfel	8	12	6	Quadrate, die gleich sind
Quader	8	12	6	Rechtecke, von denen jeweils 2 gegenüberliegende gleich sind
dreiseitiges Prisma	6	9	5	2 Dreiecke, die gleich sind, und 3 Rechtecke
vierseitige Pyramide	5	8	5	ein Viereck (Quadrat) und 4 Dreiecke
Zylinder	0	2	3	eine gekrümmte Fläche und 2 gleiche Kreise
Kegel	1	1	2	eine gekrümmte Fläche und ein Kreis
Kugel	0	0	1	eine gekrümmte Fläche

4 Sabine behauptet: „Jeder Würfel ist auch ein Quader und jeder Würfel ist auch ein Prisma."
Was meinst du dazu? Begründe deine Antwort.

Es stimmt, da ein Würfel alle Eigenschaften eines Quaders und eines Prismas hat.

Anwenden und Vernetzen

5 Stell dir vor: Der Sägefuchs schneidet Körper in der Mitte durch, sodass zwei vollkommen gleiche Hälften entstehen.

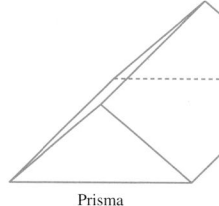

a) Was für Körper wurden vermutlich vom Sägefuchs zersägt?
Finde, wenn möglich, mehrere Möglichkeiten.
z.B.
rote Hälfte: **Eine Kugel wurde zersägt.**

grüne Hälfte: **Ein Quader oder ein dreiseitiges Prisma wurden zersägt.**

blaue Hälfte: **Ein Zylinder oder eine Zylinderhälfte wurden zersägt.**

b) Beim Halbieren eines Körpers entstand die abgebildete Schnittfläche.
Skizziere Körper, die der Sägefuchs durchsägte.
Finde mehrere Möglichkeiten.

z.B.

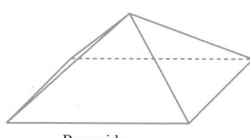 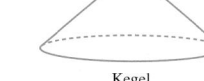

Pyramide	Kegel	Prisma

Schrägbilder

▶ **Grundwissen**

1. Zeichne die Vorderfläche.

2. Zeichne nach hinten verlaufende Kanten in halber Länge auf den Kästchendiagonalen (45°-Winkel).

3. Verbinde die hinteren Eckpunkte miteinander und strichele die verdeckten Kanten.

Beispiel:

▶ **Auftrag:** Ergänze jeweils das zugehörige Stadium vom Schrägbild eines Würfels mit 2 cm Kantenlänge.

Trainieren

1 Die folgenden Schrägbilder gehören zu zwei verschiedenen Quadern.

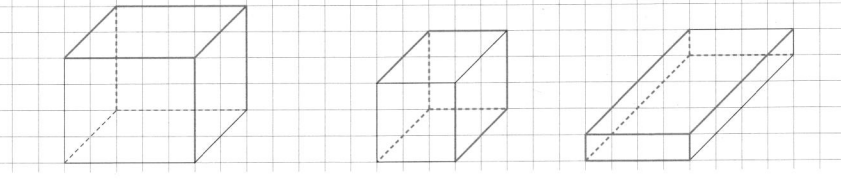

a) Verbinde Schrägbilder des gleichen Quaders mit der gleichen Farbe.

b) Wie lang sind die Kanten der Quader in Wirklichkeit?

Quader ①: 3 cm; 3 cm; 2 cm   Quader ②: 4 cm; 2 cm; 3 cm

2 Vervollständige die angefangenen Schrägbilder von Quadern.

3 Ein Platz auf der Siegertreppe ist für viele Sportler das Größte. Oft werden die Siegertreppen aus mehreren Körpern gebaut. Hier ist die Treppe aus Würfeln mit 4 dm Kantenlänge zusammengesetzt worden. Es ist das Modell eines Bastlers. Vervollständige das Schrägbild dieser Siegertreppe. Beachte nur die Kanten der Treppe. Hinweis: 1 cm soll 2 dm entsprechen.

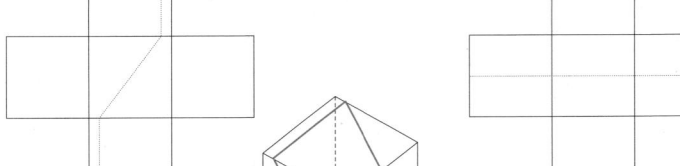

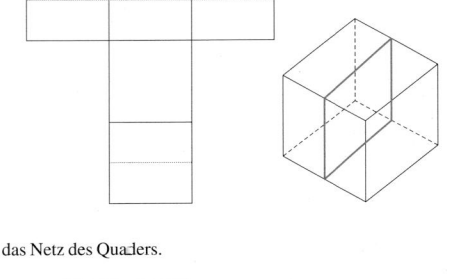

Anwenden und Vernetzen

4 Übertrage jeweils die im Würfelnetz eingezeichneten „Wege" ins Schrägbild des Würfels.

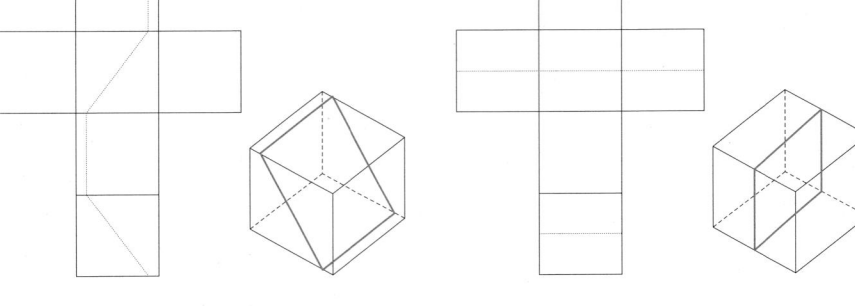

5 Ein Quader wurde zerschnitten. Übertrage die Schnittlinie in das Netz des Quaders.

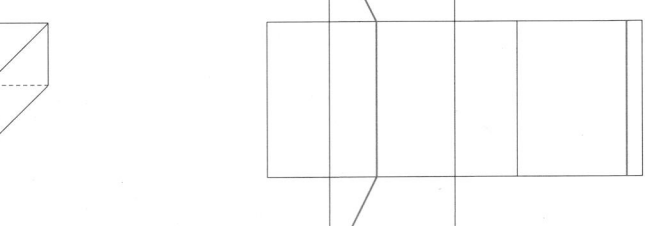

Körpernetze

▶ Grundwissen

Das flach ausgebreitete zusammenhängende Gebilde der Begrenzungsflächen eines Körpers bezeichnet man als Netz des Körpers.

Beispiel:

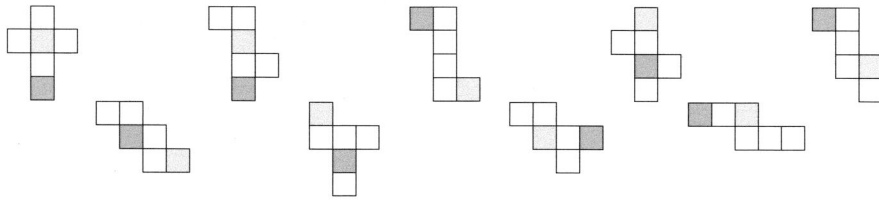

▶ **Auftrag:** Streiche die Figur durch, die kein Körpernetz des links abgebildeten Würfels sein kann.

Trainieren

1 Körpernetze von Würfeln

a) Färbe jeweils die Fläche ein, die der beigen Fläche gegenüberliegt.

b) Zeichne zwei der Würfelnetze auf Karopapier ab und falte daraus Würfel. **individuelle Lösung**

2 Körpernetze von Quadern

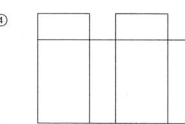 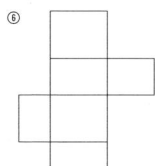

a) Bei welchen Figuren handelt es sich nicht um ein Quadernetz? ④ **und** ⑤

b) Färbe bei den Quadernetzen die Seitenflächen gleichfarbig ein, die am Quader einander gegenüberliegen.

3 Welche Körper gehören zu den Netzen?

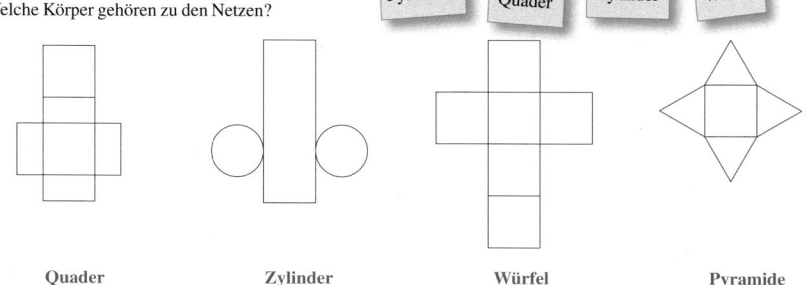

Quader	Zylinder	Würfel	Pyramide

Anwenden und Vernetzen

4 Bei Spielwürfeln ist die Summe von zwei gegenüberliegenden Zahlen stets 7.

a) Welche Zahlen liegen einander gegenüber?

Gegenüber der 6 liegt die **1.** Gegenüber der 5 liegt die **2.**

Gegenüber der 4 liegt die **3.** Gegenüber der 3 liegt die **4.**

Gegenüber der 2 liegt die **5.** Gegenüber der 1 liegt die **6.**

b) Begründe, warum nur vier der abgebildeten Würfelnetze zu Spielwürfeln gehören. Zeichne bei den Spielwürfeln die fehlenden Augenzahlen ein.

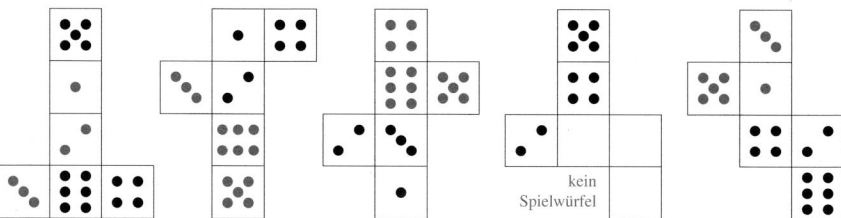

kein Spielwürfel

5 In der Abbildung sind Quadernetze versteckt. Zeichne mindestens 3 in jeweils einer anderen Farbe nach.

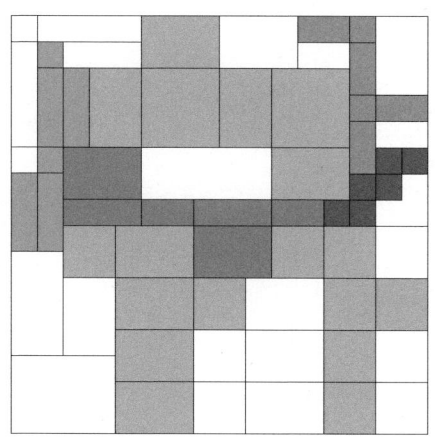

Oberflächeninhalt

▶ Grundwissen

Der Oberflächeninhalt eines Körpers ist die Summe der Flächeninhalte seiner Begrenzungsflächen.

Beispiel:
$O_{\text{Würfel}} = 6 \cdot a \cdot a$
$O_{\text{Quader}} = 2 \cdot a \cdot b + 2 \cdot a \cdot c + 2 \cdot b \cdot c$

1 cm
2 cm
3 cm

6 cm²
3 cm²　2 cm²　3 cm²　2 cm²
6 cm²

$O = 2 \cdot 2\,\text{cm} \cdot 3\,\text{cm} + 2 \cdot 1\,\text{cm} \cdot 3\,\text{cm} + 2 \cdot 2\,\text{cm} \cdot 1\,\text{cm} = 2 \cdot 6\,\text{cm}^2 + 2 \cdot 3\,\text{cm}^2 + 2 \cdot 2\,\text{cm}^2 = 22\,\text{cm}^2$

▶ Auftrag: Ermittle mithilfe des Körpernetzes den Oberflächeninhalt des Quaders.

Trainieren

1 Ermittle den Oberflächeninhalt.

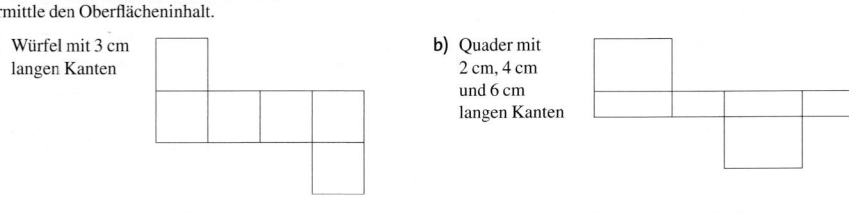

a) Würfel mit 3 cm langen Kanten

$6 \cdot 3\,\text{cm} \cdot 3\,\text{cm} = 54\,\text{cm}^2$

b) Quader mit 2 cm, 4 cm und 6 cm langen Kanten

$2 \cdot 2\,\text{cm} \cdot 4\,\text{cm} + 2 \cdot 4\,\text{cm} \cdot 6\,\text{cm} + 2 \cdot 2\,\text{cm} \cdot 6\,\text{cm}$
$= 16\,\text{cm}^2 + 48\,\text{cm}^2 + 24\,\text{cm}^2 = 88\,\text{cm}^2$

2 Gib die Oberflächeninhalte der Quader und Würfel an.

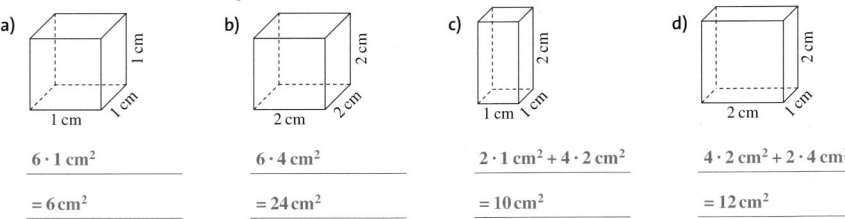

a) 1 cm; 1 cm; 1 cm
$6 \cdot 1\,\text{cm}^2$
$= 6\,\text{cm}^2$

b) 2 cm; 2 cm; 2 cm
$6 \cdot 4\,\text{cm}^2$
$= 24\,\text{cm}^2$

c) 1 cm; 2 cm; 2 cm
$2 \cdot 1\,\text{cm}^2 + 4 \cdot 2\,\text{cm}^2$
$= 10\,\text{cm}^2$

d) 2 cm; 2 cm; 1 cm
$4 \cdot 2\,\text{cm}^2 + 2 \cdot 4\,\text{cm}^2$
$= 12\,\text{cm}^2$

3 Berechne den Oberflächeninhalt.

a) Würfel mit 5 cm langen Kanten

$6 \cdot 5\,\text{cm} \cdot 5\,\text{cm} = 150\,\text{cm}^2$

b) Quader mit 10 mm; 2,5 cm und $c = 4$ cm langen Kanten

$2 \cdot 1\,\text{cm} \cdot 2,5\,\text{cm} + 2 \cdot 4\,\text{cm} \cdot 1\,\text{cm} + 2 \cdot 4\,\text{cm} \cdot 2,5\,\text{cm} = 5\,\text{cm}^2 + 8\,\text{cm}^2 + 20\,\text{cm}^2 = 33\,\text{cm}^2$

---

4 Die abgebildeten Körper bestehen aus Würfeln mit 1 cm Kantenlänge. Ermittle die Oberflächeninhalte der Körper.

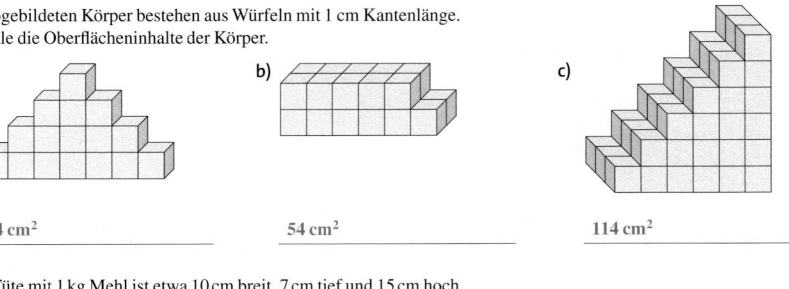

a)　54 cm²

b)　54 cm²

c)　114 cm²

5 Eine Tüte mit 1 kg Mehl ist etwa 10 cm breit, 7 cm tief und 15 cm hoch. Kreuze an, aus wie viel Papier die Tüte besteht.

☐ 7 mm²　☐ 7 cm²　☒ 7 dm²　☐ 7 m²　☐ 700 mm²　☒ 700 cm²　☐ 700 m²

Anwenden und Vernetzen

6 Die Inhaberin des Eiscafes Seeblick möchte neue Sitzkissen für 25 Stühle herstellen lassen.
Sie sollen die Form eines Quaders haben. Ihr liegen zwei Kissenmuster aus dem gleichen Stoff vor.
Das Muster A ist 38 cm lang, 42 cm breit und 40 mm hoch.
Das Muster B ist 42 cm lang, 42 cm breit und 40 mm hoch.
Der Stoff wurde von einer 1,50 m breiten Rolle abgeschnitten.
Ein Meter Stoff von dieser Rolle kostet 12,30 €.

Wegen der Nähte wurde jede Seitenfläche der Kissen 5 cm länger und 5 cm breiter zugeschnitten, als sie bei dem fertigen Kissen ist.
Reichen 170,00 € zum Kauf des benötigten Stoffes?

	Kissen vom Muster A	Kissen vom Muster B
Maße für den Zuschnitt	48 cm lang 52 cm breit 14 cm hoch	52 cm lang 52 cm breit 14 cm hoch
Stoff für ein Kissen	7 792 cm²	8 320 cm²
Stoff für 25 Kissen	194 800 cm² = 19,48 m² (ca. 20 m²)	208 000 cm² = 20,8 m² (ca. 21 m²)
Preis für 25 Kissen	8,20 € · 20 = 164,00 €	8,20 € · 21 = 172,20 €

Der Stoff für die Auflagen kostet mindestens rund 164 €.

Vermutlich reichen 170 € zum Kauf des für Muster A benötigten Stoffes, jedoch nicht für Muster B.

Volumeneinheiten

▶ Grundwissen

- Beim Umrechnen der Volumeneinheiten in die nächstkleinere Einheit wird mit __1 000__ multipliziert.

Einheiten	Umrechnung				
Kubikmeter (m³)	1 m³	= 1 000 dm³	= __1 000 000__ cm³	= __1 000 000 000__ mm³	
Kubikdezimeter (dm³)	1 dm³	= 1 000 cm³	= __1 000 000__ mm³		
Kubikzentimeter (cm³)	1 cm³	= 1 000 mm³			
Kubikmillimeter (mm³)					

- Das Volumen von Flüssigkeiten wird oft in Litern und Millilitern angegeben.

Einheiten	Umrechnung	
Liter (l)	1 l	= 1 dm³
Milliliter (ml)	1 ml	= 0,001 l

▶ Auftrag: Ergänze.

Trainieren

1

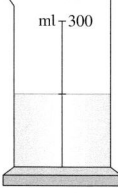 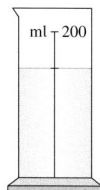 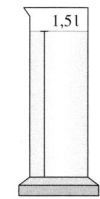 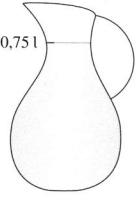

☐ __16 Würfel__   ☒ __48 Würfel__   ☐ __30 Würfel__   ☐ __40 Würfel__

a) Kreuze den Turm an, der aus den meisten Würfeln besteht.

b) Gib die Anzahl der Würfel jedes Turms an.
Hinweis: Vergleiche das Ergebnis mit dem von Teilaufgabe **a**.

2

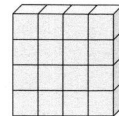 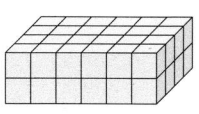 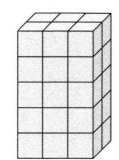 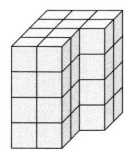

☐ __150 ml__   ☐ __150 ml__   ☒ __1,5 l = 1 500 ml__   ☐ __0,75 l = 750 ml__

a) Kreuze das Gefäß an, in dem am meisten Saft ist.

b) Gib an, wie viel Saft die Gefäße enthalten.
Hinweis: Vergleiche das Ergebnis mit dem von Teilaufgabe **a**.

3 Wandle in die nächstkleinere Einheit um.

a) 14 m³ = __14 000 dm³__   b) 0,08 cm³ = __80 mm³__

c) 0,045 dm³ = __45 cm³__   d) 1,02 cm³ = __1 020 mm³__

e) 200 m³ = __200 000 dm³__   f) 0,0003 dm³ = __0,3 cm³__

4 Wandle in die nächstgrößere Einheit um.

a) 9 000 mm³ = __9 cm³__   b) 3 700 dm³ = __3,7 m³__

c) 438 cm³ = __0,438 dm³__   d) 2 010 dm³ = __2,01 m³__

e) 16 cm³ = __0,016 dm³__   f) 0,2 mm³ = __0,000 2 cm³__

5 Wandle in die gegebene Einheit um.

a) 0,04 m³ = __40 000__ cm³   b) 0,12 m³ = __120 000__ cm³

c) 0,05 l = __50__ ml   d) 0,25 l = __250__ cm³

e) 123 000 cm³ = __123__ l   f) 750 ml = __750__ cm³

6 Ergänze die Volumeneinheit.

a) Flasche Limonade: 0,5 __l__   b) Dose Suppe: 400 __ml__

c) Tube Zahnpasta: 75 __ml__   d) Tanklaster: 20 000 __l__

Anwenden und Vernetzen

7 Stell dir vor, du hast magnetische Würfel mit 1 dm, 1 cm und 1 mm langen Kanten.

a) Wie viele Würfel mit 1 mm langen Kanten werden zum Bauen eines 1 dm³ großen Würfels benötigt?

__1 dm³ = 1 000 000 mm³__   1 000 000 Würfel mit 1 mm langen Kanten werden für den 1 dm³ großen Würfel benötigt.

b) Ein Würfel mit 1 cm langen Kanten wird in 1 mm³ große Würfel zerlegt. Wie viele 1 mm³ große Würfel entstehen?

__1 cm³ = 10 000 mm³__   10 000 Würfel 1 mm³ große Würfel entstehen.

8 In einem Geschäft stehen die abgebildeten 1-l-Getränkekartons. Stell dir vor, jeder aus eurer Klasse trinkt davon täglich $\frac{1}{2}$ Liter Milch.

a) Wie lange reicht die Milch?

__individuelle Lösung__

__(18 Kisten zu 12 l sind 216 l.__

__216 : (Anzahl der Schüler · 0,5) = …)__

b) Nach wie vielen Tagen ist nur noch rund $\frac{1}{4}$ der Milch vorhanden?

__individuelle Lösung__ $\left(\frac{3}{4}\right.$ von 216 l sind 162 l.   162 : (Anzahl der Schüler · 0,5) = …$\left.\right)$

Volumen von Quadern und Würfeln

▶ Grundwissen

Das Volumen eines Quaders ist gleich dem Produkt seiner drei Kantenlängen.

Quader

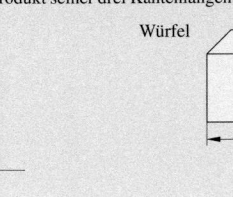

$$V_Q = a \cdot b \cdot c$$

Würfel

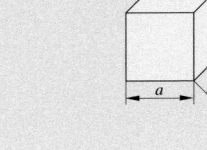

$$V_W = a \cdot a \cdot a = a^3$$

▶ Auftrag: Ergänze die Formeln.

Trainieren

1 Berechne die Volumen beider Körper.

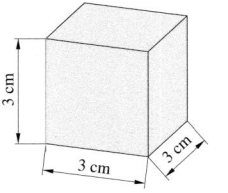

$$V_W = 3\,\text{cm} \cdot 3\,\text{cm} \cdot 3\,\text{cm} = 27\,\text{cm}^3$$

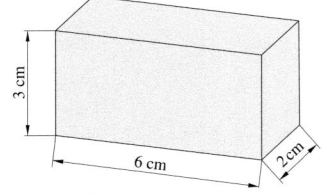

$$V_Q = 6\,\text{cm} \cdot 3\,\text{cm} \cdot 2\,\text{cm} = 36\,\text{cm}^3$$

2 Ergänze die Tabellen für Quader.

a)
Länge	Breite	Höhe	Volumen
10 cm	30 cm	6 cm	1 800 cm³
8 dm	3 dm	5 dm	120 dm³
4 m	5 m	3 m	60 m³
20 cm	25 cm	12 cm	6 000 cm³
1 cm	8 mm	70 mm	5 600 mm³

b)
Länge	Breite	Höhe	Volumen
20 m	6 m	4 m	480 m³
90 mm	8 cm	2 cm	144 cm³
4 cm	7 cm	1 dm	280 cm³
1,5 m	4 dm	3 dm	180 dm³
100 cm	2 cm	6 cm	1,2 dm³

3 Gib das Volumen der Körper an. Rechne, wenn nötig, auf einem zusätzlichen Blatt.

a)

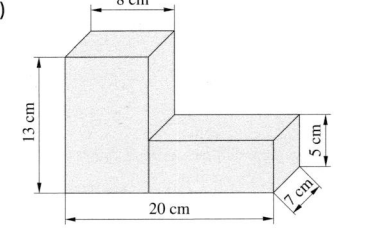

$$12\,\text{cm} \cdot 7\,\text{cm} \cdot 5\,\text{cm} + 8\,\text{cm} \cdot 13\,\text{cm} \cdot 7\,\text{cm} = 1\,148\,\text{cm}^3$$

b)

$$6\,\text{cm} \cdot 6\,\text{cm} \cdot 6\,\text{cm} - 3\,\text{cm} \cdot 3\,\text{cm} \cdot 6\,\text{cm} = 162\,\text{cm}^3$$

4 Ermittle, wie viele Würfel mit 1 cm, 2 cm bzw. 2 mm langen Kanten jeweils einen gleich großen Würfelturm bilden.

a)

<u>64</u> Würfel mit 1 cm langen Kanten

<u>8</u> Würfel mit 2 cm langen Kanten

<u>8 000</u> Würfel mit 2 mm langen Kanten

b)

<u>48</u> Würfel mit 1 cm langen Kanten

<u>6</u> Würfel mit 2 cm langen Kanten

<u>6 000</u> Würfel mit 2 mm langen Kanten

5 Ein quaderförmiges Waschbecken ist 30 cm tief, 40 cm breit und 50 cm lang.
Berechne das Volumen in Kubikzentimetern.
Zusatzaufgabe: Gib an, wie viel Liter Wasser das Becken (bei geschlossenem Überlauf) fassen kann.

$$30\,\text{cm} \cdot 40\,\text{cm} \cdot 50\,\text{cm} = 60\,000\,\text{cm}^3 = 60\,\text{l}$$ Das Volumen beträgt 60 000 cm³. Das Becken fast 60 l Wasser.

Anwenden und Vernetzen

6 Emil möchte ein gebrauchtes Aquarium kaufen, das etwa 500 l fasst. Zwei der Angebote kommen in die engere Wahl.
Aquarium A: 1 m lang; 50 cm breit; 8 dm hoch
Aquarium B: 90 cm lang; 8 dm breit; 0,7 m hoch

a) Welches Aquarium sollte er sich kaufen?

$$V_A = 10\,\text{dm} \cdot 5\,\text{dm} \cdot 8\,\text{dm} = 400\,\text{dm}^3 = 400\,\text{l}$$

$$V_B = 9\,\text{dm} \cdot 8\,\text{dm} \cdot 7\,\text{dm} = 504\,\text{dm}^3 = 504\,\text{l}$$

Er sollte das Aquarium B kaufen.

b) In einer Zeitschrift liest er, dass anhand der Länge der Fische überschlagen werden kann, wie viel Wasser sie benötigen. Je Zentimeter Fisch sollten es etwa 2 Liter Wasser sein.
Er will sich dicklippige Fadenfische kaufen, die etwa 9 cm groß werden.
Wie viele Fische kann er in sein Aquarium setzen?

Wasser für einen Fisch: 9 · 2 l = 18 l   **Anzahl der möglichen Fische: 504 l : 18 l = 28**

28 Fische haben ausreichend Platz in dem Aquarium.

7 Die Körper wurden aus gleich großen Holzwürfeln mit 1 cm langen Kanten gelegt.
Welches Volumen hat der größtmögliche Würfel, der aus allen kleinen Würfeln der fünf Körper gebaut werden kann?

$$24\,\text{cm}^3 + 23\,\text{cm}^3 + 27\,\text{cm}^3 + 27\,\text{cm}^3 + 27\,\text{cm}^3 = 128\,\text{cm}^3$$

Der größtmögliche Würfel ist 125 cm³ groß. (5 cm Kantenlänge)

Zuordnungen

▶ Grundwissen

• Bei einer Zuordnung wird jedem Wert (Element) aus einem vorgegebenen Bereich ein Wert (Element) aus einem anderen Bereich zugeordnet.

Eine Zuordnung kann beschrieben werden durch

   ein Diagramm, eine Tabelle, einen Text …

Beispiel: Brotpreis

1 Brot → 3 €
$\frac{1}{2}$ Brot → 1,50 €

Brot	1	$\frac{1}{2}$
Preis	3	1,50 €

▶ Auftrag: Ergänze den Satz durch mehrere Beispiele.

Trainieren

1 Formuliere mithilfe der unten stehenden Begriffe zwei sinnvolle Zuordnungen.

Preis in Euro   Bus   Anzahl an Brötchen   Tag   Datum   Abfahrtszeit   Nummer   Schüler

z. B.
Jedem Schüler einer Klasse kann im Klassenbuch eine Nummer zugeordnet werden.

Jedem Tag kann ein Datum zugeordnet werden. Einem Bus kann eine Nummer zugeordnet werden.

2 Die Lufttemperatur wurde zu unterschiedlichen Tageszeiten ermittelt.

a) Welche Größe wird im Diagramm welcher Größe zugeordnet?

   Jeder Uhrzeit wird die Lufttemperatur

   zugeordnet.

b) Wann wurde die höchste bzw. die tiefste Temperatur gemessen?
Gib jeweils die entsprechende Temperatur mit an.

   höchste Temperatur: um 14:00 Uhr (13 °C)

   tiefste Temperatur: um 04:00 Uhr (7 °C)

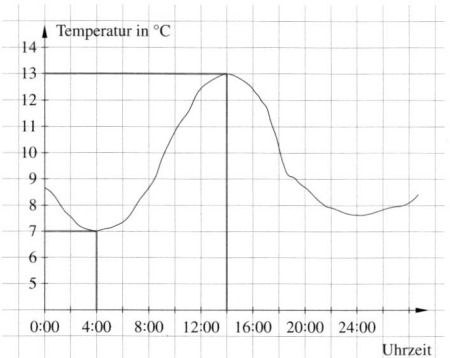

3 Ordne jeder natürlichen Zahl von 5 bis 14 ihr Dreifaches zu.

x	5	6	7	8	9	10	11	12	13	14
y	15	18	21	24	27	30	33	36	39	42

4 In einem Supermarkt kostet eine Tafel Schokolade 70 ct. Jedes Päckchen mit 5 Tafeln kostet 3,00 €.
Ergänze die Tabelle so, dass man den günstigsten Preis für 1 bis 10 Tafeln Schokolade ablesen kann.

Anzahl der Tafeln	1	2	3	4	5	6	7	8	9	10
Preis in €	0,70	1,40	2,10	2,80	3,00	3,70	4,40	5,10	5,80	6,00

5 Nur zu einem der folgenden Diagramme passt der Anfang der Geschichte. Setze die Geschichte passend zu diesem Diagramm fort.

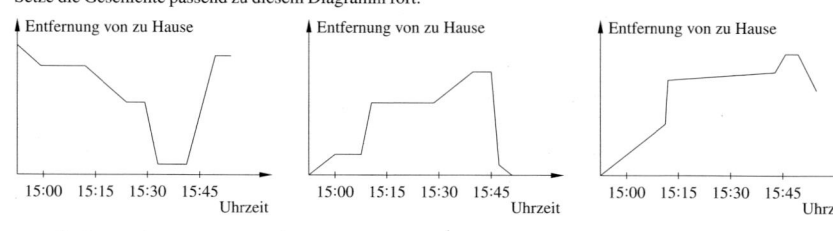

Anne läuft zur Bahn. Sie wartet an der Haltestelle etwa 7 $\frac{1}{2}$ min.
Dann fährt sie mit der Bahn eine Station.

   individuelle Geschichte zum zweiten Diagramm

   (z. B.: Sie steigt aus und geht in ein Geschäft, wo sie 20 min bleibt. Von dort geht sie zu Fuß

   eine Haltestelle weiter zum Blumenladen, kauft dort Blumen und fährt mit der Bahn zurück.

   Das letzte Stück geht sie wieder zu Fuß.)

Anwenden und Vernetzen

6 Wähle jeweils zuerst die passenden Mengen und veranschauliche danach die Zuordnung.

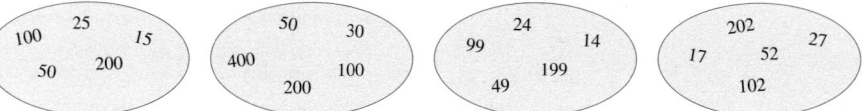

a) Jeder Zahl der Menge wird ihr Vorgänger zugeordnet.

b) Jeder Zahl der Menge wird ihr Doppeltes zugeordnet.

c) Jeder Zahl der Menge wird ihre Häfte, vermehrt um 2, zugeordnet.

z. B.

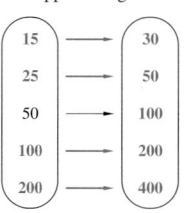

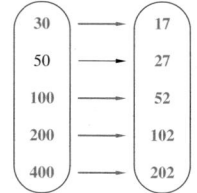

d) Gib die Zuordnungsvorschriften für die Umkehrzuordnungen an.

zu a) Jeder Zahl der Menge wird ihr

   Nachfolger

   zugeordnet.

zu b) Jeder Zahl der Menge wird ihre

   Hälfte

   zugeordnet.

zu c) Jeder Zahl der Menge wird ihr
z. B.

   Doppeltes, vermindert um 4,

   zugeordnet.

7 Kreuze die eindeutigen Zuordnungen an.

☒ Jedem Kind kann sein Geburtstag zugeordnet werden.
☐ Jedem Kind kann seine Schwester oder sein Bruder zugeordnet werden.
☒ Jedem Kind kann seine Klasse zugeordnet werden.
☐ Jedem Kind kann sein Lieblingsessen zugeordnet werden.
☐ Jedem Kind kann seine Schwester oder sein Bruder zugeordnet werden.

> Wird jedem Element oder jedem Wert aus einem vorgegebenen Bereich genau ein Element oder Wert aus einem anderen Bereich zugeordnet, so spricht man von einer eindeutigen Zuordnung.

Negative Zahlen

▶ Grundwissen

Negative und positive Zahlen bilden zusammen mit der Null die rationalen Zahlen.
Beispiele:

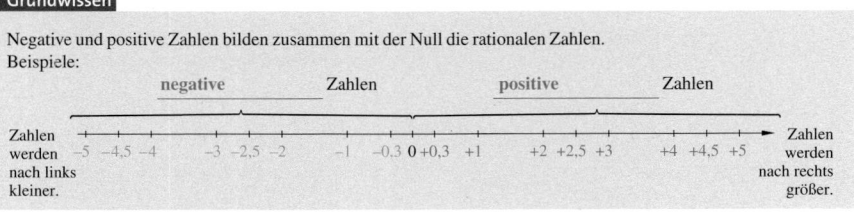

▶ Auftrag: Ergänze die Wörter „positive" und „negative".

Trainieren

1 Veranschauliche folgende Zahlen an der Zahlengeraden.

a) 0; 100; −100; 50; −50; 25; −25; 75; −75; 80; −80

b) 0; 16; −16; 8; −12; 14; −10; −7; −3; 4; −9

c) 0; $-\frac{1}{2}$; 2,25; 3,5; −3,5; 5; −5; −6,25; 6,75; −8,5; −10

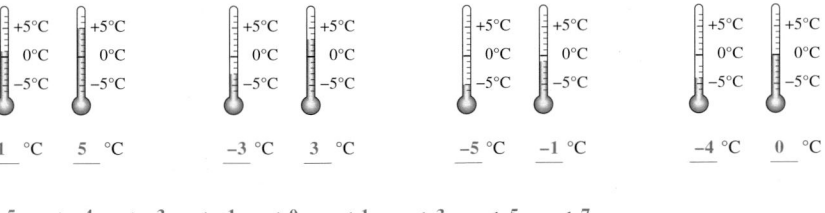

2 Lies zuerst alle Temperaturen ab.
Ordne die abgelesenen Zahlen danach nach der Größe.

1 °C   5 °C   −3 °C   3 °C   −5 °C   −1 °C   −4 °C   0 °C

$$-5 \;<\; -4 \;<\; -3 \;<\; -1 \;<\; 0 \;<\; 1 \;<\; 3 \;<\; 5 \;<\; 7$$

3 Vergleiche die Zahlen.

−32 **<** −23	+30 **>** +23	+23 **>** −32	+3,2 **>** −2,3
−2,3 **<** −3,2	−2,3 **>** −3,2	$-3{,}2 \;=\; -3\frac{1}{5}$	$-0{,}23 \;>\; -\frac{32}{100}$

4 Gib jeweils drei Zahlen an, die zwischen den gegebenen Zahlen liegen.
Hinweis: Wähle keine Dezimalzahlen oder Brüche.

$-2 \;<\; \underline{-1} \;<\; \underline{0} \;<\; \underline{1} \;<\; 2$ $-4 \;<\; \underline{-3} \;<\; \underline{-2} \;<\; \underline{-1} \;<\; 0$ $-5 \;<\; \underline{-4} \;<\; \underline{-3} \;<\; \underline{-2} \;<\; -1$

$-11 \;<\; \underline{-10} \;<\; \underline{-9} \;<\; \underline{-8} \;<\; -5$ $-50 \;<\; \underline{-40} \;<\; \underline{-30} \;<\; \underline{-20} \;<\; -10$ $-201 \;<\; \underline{-200} \;<\; \underline{-199} \;<\; \underline{-198} \;<\; -197$

5 Astana in Kasachstan zählt zu den kältesten Städten der Welt.

a) In welchen Monaten sind die Monatsdurchschnittstemperaturen in Astana negativ?

> Im November, Dezember, Januar, Februar und März sind
>
> die Monatsdurchschnittstemperaturen negativ.

b) Trage die dargestellten Monatsdurchschnittstemperaturen (Temp.) in die Tabelle ein.

Monat	J	F	M	A	M	J	J	A	S	O	N	D
Temp. in °C	−17	−16	−10	3	13	19	21	17	12	2	−7	−14

Anwenden und Vernetzen

6 Bilde Zahlen mit positiven oder negativen Vorzeichen und den drei Ziffern.

a) Schreibe die kleinstmögliche dreistellige rationale Zahl auf.
Keine der Ziffern darf darin mehrmals vorkommen.   −210

b) Schreibe die kleinstmögliche dreistellige rationale Zahl auf.
Alle der Ziffern dürfen darin mehrmals vorkommen.   −222

c) Schreibe die größtmögliche dreistellige rationale Zahl auf.
Alle der Ziffern dürfen darin mehrmals vorkommen.   222

7 Unsere Zeitrechnung begann mit der Geburt Christi. Zeitangaben, die vor dem Beginn unserer Zeitrechnung liegen, erhalten deshalb den Zusatz v. Chr. (vor Christus).

a) Finde heraus, wer von den drei Römern am ältesten wurde? Begründe deine Antwort.

> Cäsar: 56 Jahre
>
> Augustus: 76 Jahre
>
> Tiberius: 78 Jahre
>
> Tiberius wurde am ältesten.
>
> (Das Jahr Null gab es nicht.)

römischer Staatsmann **Julius Cäsar** (Bild) Geburt: 100 v. Chr. Tod: 44 v. Chr.	römischer Kaiser **Augustus** Geburt: 63 v. Chr. Tod: 14 n. Chr.
römischer Kaiser **Tiberius** Geburt: 42 v. Chr. Tod: 37 n. Chr.	Gründung Roms 753 v. Chr.

b) Vor wie vielen Jahren wurde Rom gegründet?

> Lösung ist abhängig vom jeweiligen Kalenderjahr.
>
> (753 plus aktuelles Kalenderjahr)

Arithmetisches Mittel und Zentralwert

▶ Grundwissen

Arithmetisches Mittel und Zentralwert (Median) sind Mittelwerte.

- Das arithmetische Mittel einer Datenreihe ermittelt man, indem zuerst alle Werte addiert werden und danach durch die Anzahl der Werte dividiert wird.

- Den Zentralwert einer Datenreihe ermittelt man, indem zuerst alle Werte nach der Größe geordnet werden und danach der in der Mitte stehende Wert bestimmt wird.

Beispiel: 2 m; 11 m; 1 m; 4 m; 4 m; 2 m

$2\,m + 11\,m + 1\,m + 4\,m + 4\,m + 2\,m = 24\,m$

$24\,m : 6 = 4\,m$ arithmetisches Mittel: $\underline{4\,m}$

1 m; 2 m; <u>2 m; 4 m;</u> 4 m; 11 m

$(2\,m + 4\,m) : 2 = 3\,m$ Zentralwert: $\underline{3\,m}$

▶ Auftrag: Ergänze die Beispiele.

Trainieren

1 Ermittle jeweils das arithmetische Mittel der Datenreihe.

a) bestellte Getränke: 4; 6; 1; 2; 3; 2   arithmetisches Mittel: $\underline{3}$

$4 + 6 + 1 + 2 + 3 + 2 = 18$ $18 : 6 = 3$

b) Noten: 1; 1; 2; 3; 2; 3; 4; 2; 3; 1   arithmetisches Mittel: $\underline{2}$

$1 + 1 + 2 + 3 + 2 + 3 + 4 + 2 + 3 + 1 = 20$ $20 : 10 = 2$

c) Fahrzeit: 10 min; 12 min; 8 min; 11 min; 9 min   arithmetisches Mittel: $\underline{10\ min}$

$10\ min + 12\ min + 8\ min + 11\ min + 9\ min = 50\ min$ $50\ min : 5 = 10$

2 Ermittle jeweils den Zentralwert der Datenreihe.

a) bestellte Getränke: 4; 6; 1; 2; 3; 2   Zentralwert: $\underline{2,5}$

1; 2; 2; 3; 4; 6 $(2 + 3) : 2 = 2,5$

b) Noten: 1; 1; 2; 3; 2; 3; 4; 2; 3; 1   Zentralwert: $\underline{2}$

1; 1; 1; 2; 2; 2; 3; 3; 3; 4 $(2 + 2) : 2 = 2$

c) Fahrzeit: 10 min; 12 min; 8 min; 11 min; 9 min   Zentralwert: $\underline{10\ min}$

8 min; 9 min; 10 min; 11 min; 12 min

3 Ermittle das arithmetische Mittel und den Zentralwert ...

a) aller natürlichen Zahlen von 0 bis 10.

arithmetisches Mittel: $55 : 11 = 5$ Zentralwert: 5

b) aller natürlichen Zahlen von 4 bis 9.

arithmetisches Mittel: 6,5   Zentralwert: 6,5

c) aller geraden Zahlen von 7 bis 17.

$8 + 10 + 12 + 14 + 16 = 60$ arithmetisches Mittel: $60 : 5 = 12$ Zentralwert: 12

4 Beim Seilspringen ergab sich folgende Tabelle.

Schüler	Anne	Leon	Elias	Julian	Marie	Samira	Gesa
Seildurchschläge	32	28	46	37	52	39	33

a) Ermittle den Median der Seildurchschläge.

    Der Median der Seildurchschläge beträgt 37.

b) Berechne das arithmetische Mittel der Seildurchschläge.

    Das arithmetische Mittel der Seildurchschläge beträgt $\frac{267}{7} = 38\frac{1}{7}$.

5 Bilde jeweils mit fünf der folgenden Zahlen passende geordnete Datenreihen.

    | 1 | 3 | 4 | 4 | 5 | 5 | 6 | 8 |

a) Der Median und das arithmetische Mittel sind 4. | 1 | 3 | 4 | 4 | 8 |

b) Der Median ist 5 und das arithmetische Mittel 4. | 1 | 3 | 5 | 5 | 6 |

c) Der Median ist 4 und das arithmetische Mittel 5. | 3 | 4 | 4 | 6 | 8 |

Anwenden und Vernetzen

6 Anika hat ihre Freundinnen gefragt, wie viel Taschengeld sie wöchentlich erhalten.
Sie notierte: 7,50 €; 6 €; 8 €; 5,50 €; 6 €; 6 €; 8 €; 10 €; 6 €; 7 €.
Anika selbst erhält bisher 6,50 € Taschengeld pro Woche. Sie möchte unbedingt mehr bekommen.
Ermittle Werte, mit denen Anika gegenüber ihren Eltern argumentieren könnte. Schreibe ihr hilfreiche Punkte auf.

    individuelle Lösung

    (z. B.: Die Hälfte der Freundinnen von Anika bekommt mehr Taschengeld (Median: 6,50 €).

    Durchschnittlich erhalten ihre Freundinnen 7 € Taschengeld.

    Nur eine Freundin bekommt 1 € weniger, jedoch eine andere bekommt 3,50 € mehr. ...)

7 Steves großer Bruder trainierte eine Woche für einen Wettbewerb.
Seine GPS-Uhr zeigt jeweils die Länge des zurückgelegten Weges an.

Montag:	6,3 km	Dienstag:	7,1 km
Mittwoch:	5,8 km	Donnerstag:	5,5 km
Freitag:	6,4 km	Sonnabend:	5,3 km
Sonntag:	6,6 km		

Steve behauptet: „Er ist durchschnittlich rund 6 km gelaufen.
$5\frac{1}{2}$ km ist der Median der gelaufenen Strecken, da am Donnerstag Trainingshalbzeit war."
Überprüfe seine Angaben.

    Das arithmetische Mittel ist rund 6,14 km – also rund 6 km. Es stimmt, was er sagt.

    Zentralwert ist 6,3 km (Montag). Es stimmt nicht, was er sagt. Die Begründung ist falsch.

    Man muss die einzelnen Strecken vorher nach ihrer Länge ordnen.

Absolute und relative Häufigkeiten

▶ Grundwissen

In Häufigkeitstabellen werden jedem Beobachtungsergebnis seine Häufigkeiten in Form von Zahlenwerten zugeordnet.

• Die **absolute** _____ Häufigkeit gibt an, wie oft ein Ergebnis unter allen erhobenen Daten auftrat.

• Die **relative** _____ Häufigkeit gibt an, wie groß der Anteil eines Ergebnisses an allen erhobenen Daten ist.

Beispiel:
Martin verwandelte 8 seiner letzten 10 Elfmeter in Tore.
Alex verwandelte 9 seiner letzten 12 Elfmeter in Tore.

	Martin	Alex
absolute Häufigkeit der Treffer	8	9
relative Häufigkeit der Treffer	$\frac{8}{10} = \frac{4}{5} = 0,80$	$\frac{9}{12} = \frac{3}{4} = 0,75$

▶ **Auftrag:** Ergänze Fachwörter in den Sätzen und Zahlen in der Tabelle.

Trainieren

1 Paul hat folgende Augenzahlen gewürfelt.

23224 46456 33442 66512 26125 65256 51242 31165

a) Ermittle die absoluten und relativen Häufigkeiten der Augenzahlen.
Gib die relativen Häufigkeiten mit Brüchen an.

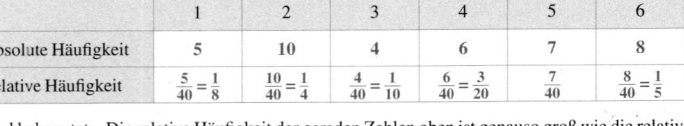

	1	2	3	4	5	6
absolute Häufigkeit	5	10	4	6	7	8
relative Häufigkeit	$\frac{5}{40} = \frac{1}{8}$	$\frac{10}{40} = \frac{1}{4}$	$\frac{4}{40} = \frac{1}{10}$	$\frac{6}{40} = \frac{3}{20}$	$\frac{7}{40}$	$\frac{8}{40} = \frac{1}{5}$

b) Paul behauptet: „Die relative Häufigkeit der geraden Zahlen oben ist genauso groß wie die relative Häufigkeit der ungeraden Zahlen." Was meinst du dazu?

Im Beispiel ist die relative Häufigkeit der geraden Zahlen $\frac{3}{5}\left(\frac{24}{40}\right)$ und die relative Häufigkeit der

ungeraden Zahlen $\frac{2}{5}\left(\frac{16}{40}\right)$. Sie sind somit nicht gleich. (Bei sehr vielen Würfen mit einem regulären Spielwürfel

würden sie sich nur noch wenig oder gar nicht unterscheiden.)

2 An vier Schulen wurden Fahrräder auf Mängel untersucht.

a) Werte die Liste mithilfe einer Häufigkeitstabelle aus.
Gib die relativen Häufigkeiten mit Dezimalzahlen an.

	Einstein	Händel	Herder	Curie
absolute Häufigkeit	25	28	24	32
relative Häufigkeit	0,50	0,40	0,40	0,64

Schule	Fahrräder	Mängel
Einstein	50	//// //// //// //// ////
Händel	70	//// //// //// //// ///////
Herder	60	//// //// //// //// ////
Curie	50	//// //// //// //// //// //// //

b) In welcher Schule sollten Fahrräder verstärkt kontrolliert werden?

An allen Schulen, v.a. an der Curie-Schule, sollte verstärkt kontrolliert werden, damit weniger Mängel

auftreten.

3 Beim Spiel Scrabble zieht man aus einer Tüte verdeckt acht Buchstabenplättchen, um damit ein möglichst langes Wort zu legen.
Die Buchstaben des Alphabets kommen unterschiedlich häufig vor.

Trage in die Tabelle die Buchstaben nach der Häufigkeit ihres Vorkommens geordnet ein.
Fasse gleich häufig vorhandene Buchstaben in einer Spalte zusammen.
Gib jeweils die relative Häufigkeit in Prozent an.
Hinweis: Ermittle zuerst die Anzahl aller Buchstaben im Spiel.

Die Buchstaben beim Scrabble-Spiel:

A 5	G 3	M 4	S 7	Y 1
B 2	H 4	N 9	T 6	Z 1
C 2	I 6	O 3	U 6	Ä 1
D 4	J 1	P 1	V 1	Ö 1
E 15	K 2	Q 1	W 1	Ü 1
F 2	L 3	R 6	X 1	

Buchstaben	J; P; Q; V; W; X; Y; Z; Ä; Ö; Ü	B; C; F; K	G; L; O	D; H; M	A	I; R; T; U	S	N	E
absolute Häufigkeit	je 1	je 2	je 3	je 4	5	je 6	7	9	15
relative Häufigkeit	1%	2%	3%	4%	5%	6%	7%	9%	15%

Anwenden und Vernetzen

4 a) Die Buchstaben des Alphabets kommen in deutschsprachigen Texten unterschiedlich oft vor.
Wähle neun Buchstaben aus und zähle die Anzahl ihres Vorkommens in einem Text mit ca. 100 Wörtern.
Gib die absoluten und relativen Häufigkeiten der Buchstaben an.

Buchstabe				
absolute Häufigkeit				
relative Häufigkeit				

b) Stelle in einem Diagramm die relativen Häufigkeiten aus Teilaufgabe und im Scrabble-Spiel dar.
Hinweis: Nutze die Angaben zum Scrabble-Spiel aus Aufgabe 3.

individuelle Zeichnung

Was fällt dir auf?
z.B.
Die relativen Häufigkeiten für die Buchstaben sind im Text und im Scrabble-Spiel ungefähr gleich.

Kreisdiagramme

▶ Grundwissen

- In einem Kreisdiagramm entspricht jedem Prozentsatz eine bestimmte Winkelgröße. 360° entsprechen 100%.

- Berechung: Winkelgröße $\overset{:\,3,6}{\underset{\cdot\,3,6}{\rightleftarrows}}$ relative Häufigkeit (in %)

Beispiel: 18 Essen wurden bestellt.

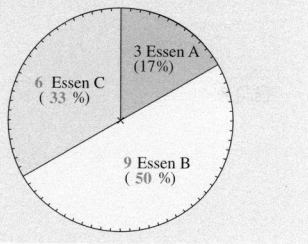

3 Essen A (17%)
6 Essen C (33 %)
9 Essen B (50 %)

▶ Auftrag: Ergänze im Kreisdiagramm jeweils die Anzahl und die auf Einer gerundete Prozentangabe.

Trainieren

1 Ermittle die Größen der Winkel von Kreisausschnitten in Kreisdiagrammen.

Prozentsatz	1%	10%	20%	50%	5%	25%	75%	12,5%
Winkelgröße	3,6°	36°	72°	180°	18°	90°	270°	45°

2 Moritz hat aufgeschrieben, wie viele Stunden er gestern wofür benötigte. Ergänze die Tabelle und vervollständige das Kreisdiagramm.

	Bruch	Prozentsatz	Winkelgröße
7 h Schule, Hausaufgaben	$\frac{7}{24}$	29,17%	105°
5 h Freizeit	$\frac{5}{24}$	20,83%	75°
8 h Schlafen	$\frac{8}{24}=\frac{1}{3}$	33,$\overline{3}$%	120°
2 h Essen, Waschen	$\frac{2}{24}=\frac{1}{12}$	8,$\overline{3}$%	30°
2 h Training	$\frac{2}{24}=\frac{1}{12}$	8,$\overline{3}$%	30°

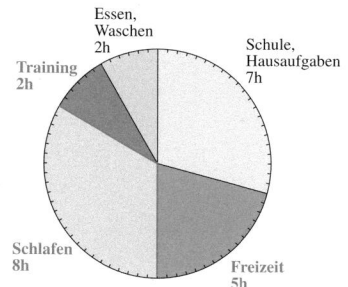

Essen, Waschen 2h
Training 2h
Schule, Hausaufgaben 7h
Schlafen 8h
Freizeit 5h

3 Das Kreisdiagramm zeigt die Zusammensetzung einer gesunden und ausgewogenen Ernährung. Schätze den prozentualen Anteil der Bestandteile.

Getreide, Kartoffeln	„exakt" 24% (87°)
Obst	„exakt" 12% (44°)
Getränke	„exakt" 12% (44°)
Fleisch, Fisch, Ei	„exakt" 8% (30°)
Gemüse	„exakt" 24% (88°)
Milch und Milchprodukte	„exakt" 12% (44°)
Fette	„exakt" 6% (23°)

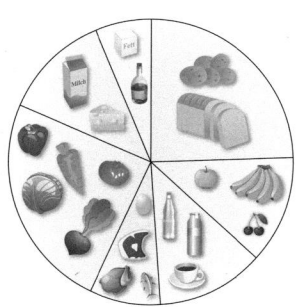

4 Veranschauliche die Ergebnisse der Umfrage zu den Lieblingsautofarben in einem Kreisdiagramm.
Hinweis: Nutze zum Rechnen ein zusätzliches Blatt.

Lieblingsautofarben im Jahr 2012

☐ Schwarz	31%	1
☐ Grau	31%	2
☐ Weiß	13%	3
☐ Blau	9%	4
☐ Braun	6%	5
☐ Rot	6%	6

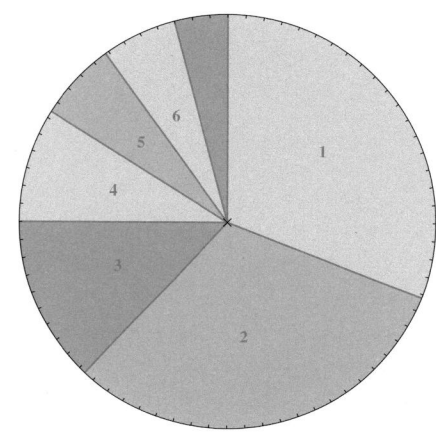

Anwenden und Vernetzen

5 Zwei unterschiedliche Diagramme zu einer Tabelle

Note	1	2	3	4	5	6
Anzahl	5	6	10	4	2	3

a) Veranschauliche das Ergebnis des Tests in einem Kreisdiagramm und in einem Säulendiagramm.
Hinweis: Nutze zum Rechnen ein zusätzliches Blatt.

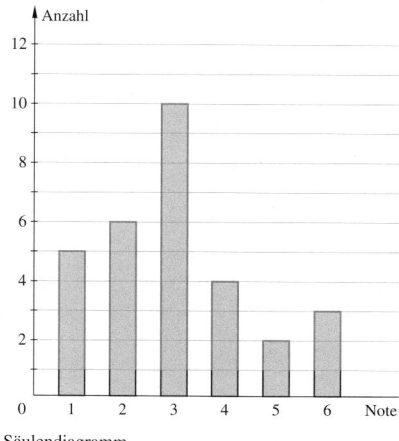

Säulendiagramm

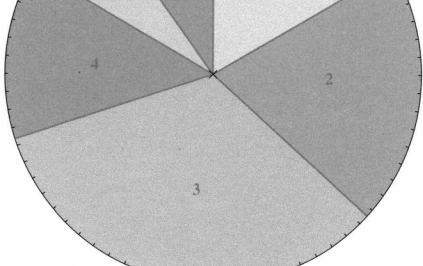

Kreisdiagramm

b) Was kann man besonders gut am Säulendiagramm, was am Kreisdiagramm ablesen?
z.B.
Im Säulendiagramm sind die absoluten Unterschiede (Anzahlen) gut ablesbar.

Im Kreisdiagramm sind die relativen Unterschiede (Prozente, Anteile) gut ablesbar.

Kapitel Teilbarkeit

1 Trage das passende Zeichen ein.
Hinweis: „|" steht für „ist Teiler von". „∤" steht für „ist kein Teiler von".

a) $3 \mid 12$

b) $4 \nmid 22$

c) $5 \mid 1\,245$

d) $6 \mid 84$

e) $9 \mid 927$

f) $10 \nmid 309$

g) $15 \mid 15$

h) $30 \nmid 15$

2 Welche Ziffer kann jeweils an die Stelle von * gesetzt werden?
Finde möglichst viele Möglichkeiten.

a) 704* ist durch 2 teilbar.   0; 2; 4; 6; 8

b) 56*4 ist durch 4 teilbar.   0; 2; 4; 6; 8

c) 56*1 ist durch 3 teilbar.   0; 3; 6; 9

d) 7*50 ist durch 6 teilbar.   0; 3; 6; 9

e) 356* ist durch 5 teilbar.   0; 5

f) 821* ist durch 10 teilbar.   0

3 Schreibe jeweils in die Kreise die Teiler der vorgegebenen Zahl.

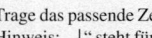

45   1   15   45   3   9   5

1   97   97

55   1   55   11   5

4 Ergänze die Teiler.

a) $T_{21} = \{\ 1;\ 3;\ 7;\ 21\ \}$ b) $T_{31} = \{\ 1;\ 31\ \}$ c) $T_{33} = \{\ 1;\ 3;\ 11;\ 33\ \}$

5 Gib alle acht Primzahlen an, die kleiner als 20 sind.

2; 3; 5; 7; 11; 13; 17; 19

6 Um 6:30 Uhr fahren die Busse der Linien 13, 24 und 35 gleichzeitig vom Busbahnhof ab.
Die Busse der Linie 13 fahren ab 6:30 Uhr alle 20 Minuten.
Die Busse der Linie 24 fahren ab 6:30 Uhr alle 15 Minuten.
Die Busse der Linie 35 fahren ab 6:30 Uhr alle 12 Minuten.
Ermittle mithilfe von Vielfachen, wann die Busse im Laufe des Tages noch gleichzeitig abfahren.

Vielfache von 20 sind   20; 40; 60 …

Vielfache von 15 sind   15; 30; 45; 60 …

Vielfache von 12 sind   12; 24; 36; 48; 60 …

Alle 60 Minuten fahren die Busse gleichzeitig ab, d. h.

6:30 Uhr, 7:30 Uhr, 8:30 Uhr, 9:30 Uhr, 10:30 Uhr …

Kapitel Brüche und Dezimalbrüche

1 Gib jeweils den Anteil der dunkel eingefärbten Teile als Bruch, Dezimalbruch und in Prozentschreibweise an.

a) $\frac{3}{4} = 0,75 = 75\,\%$ b) $\frac{7}{10} = 0,7 = 70\,\%$ c) $\frac{3}{10} = 0,3 = 30\,\%$ d) $\frac{9}{12} = \frac{3}{4} = 0,75 = 75\,\%$

2 Setze die fehlenden Zahlen ein.

a) $\frac{2}{3} = \frac{10}{15}$ b) $\frac{7}{11} = \frac{21}{33}$ c) $\frac{7}{25} = \frac{28}{100}$ d) $1 = \frac{8}{8}$

e) $2\frac{1}{3} = \frac{7}{3}$ f) $4\frac{1}{5} = \frac{21}{5}$ g) $\frac{7}{2} = 3\frac{1}{2}$ h) $\frac{19}{6} = 3\frac{1}{6}$

3 Vergleiche.

a) $\frac{7}{21} = \frac{1}{3}$ b) $\frac{1}{4} > \frac{8}{36}$ c) $\frac{72}{100} < \frac{3}{4}$ d) $\frac{7}{8} < 1$

e) $1\frac{5}{6} > \frac{1}{3}$ f) $2\frac{3}{8} > \frac{6}{8}$ g) $7\frac{3}{10} = \frac{73}{10}$ h) $9\frac{2}{9} < \frac{86}{9}$

4 Ordne jedem Bruch eine Stelle zu und schreibe jeweils den entsprechenden Dezimalbruch dazu.

$$\frac{6}{12};\ \frac{5}{10};\ \frac{7}{5};\ \frac{3}{4};\ \frac{5}{4};\ \frac{3}{10};\ 1\frac{1}{4};\ \frac{7}{10};\ \frac{6}{20};\ 1\frac{1}{5};\ \frac{8}{5}$$

Zahlenstrahl:

	0,3	0,5	0,7 0,75		1,2 1,25	1,4	1,6
0	$\frac{3}{10}$	$\frac{6}{12}$	$\frac{7}{10}$ $\frac{3}{4}$	1	$1\frac{1}{5}$ $1\frac{1}{4}$	$\frac{7}{5}$	$\frac{8}{5}$
	$\frac{6}{20}$	$\frac{5}{10}$				$\frac{5}{4}$	

5 Wandle die Brüche mithilfe der Division in Dezimalbrüche um.

a) $\frac{13}{20} = 0,65$ b) $\frac{11}{3} = 3,\overline{6}$ c) $\frac{15}{11} = 1,\overline{36}$

1	3	:	2	0	=	0,	6	5
0								
1	3	0						
1	2	0						
		1	0	0				
		1	0	0				
			0					

1	1	:	3	=	3,	$\overline{6}$
	9					
2	0					
1	8					
	2					
	⋮					

1	5	:	1	1	=	1,	$\overline{3}$	$\overline{6}$
1	1							
	4	0						
	3	3						
		7	0					
		6	6					
			4					
			⋮					

6 Finde einen Spruch, indem du die Zahlen der Größe nach ordnest und durch die Buchstaben ersetzt.

$\frac{1}{2}$	0,59	1,21	0,6	1	0,99	0,599	$\frac{4}{5}$	0,18	$\frac{6}{5}$	$\frac{61}{100}$	1,09	0,81	0,9	$\frac{11}{10}$
A	C	D	E	E	G	H	I	L	N	N	S	S	T	U

$$0,18 < \frac{1}{2} < 0,59 < 0,599 < 0,6 < \frac{61}{100} < \frac{4}{5} < 0,81 < 0,9 < 0,99 < 1 < 1,09 < \frac{11}{10} < \frac{6}{5} < 1,21$$

LACHEN IST GESUND

Kapitel Winkel

1 Ermittle, um wie viel Grad sich der Minutenzeiger einer Uhr bewegt.

a) 10 Minuten entsprechen ___60°.___

b) 25 Minuten entsprechen ___150°.___

c) 55 Minuten entsprechen ___330°.___

d) 1,5 Stunden entsprechen ___540°.___

2 Winkel messen und zeichnen

a) Gib die Größe und die Art der Winkel an.

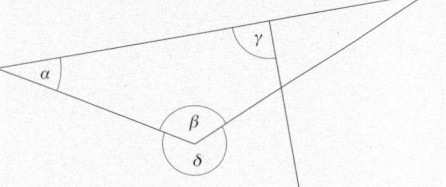

$\alpha =$ ___31°___   spitzer Winkel

$\beta =$ ___126°___   stumpfer Winkel

$\gamma =$ ___90°___   rechter Winkel

$\delta =$ ___234°___   überstumpfer Winkel

b) Zeichne folgende Winkel.

$\alpha = 35°$ $\beta = 135°$

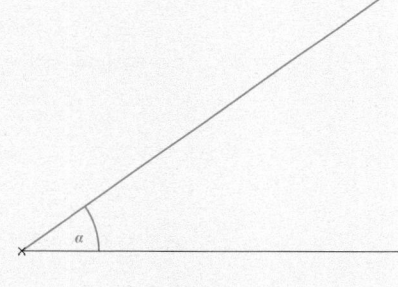

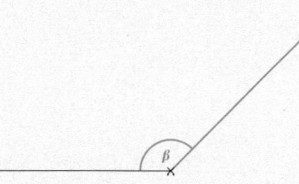

$\gamma = 240°$ $\delta = 290°$

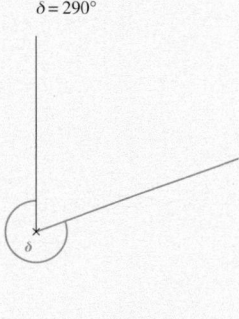

Kapitel Addieren und subtrahieren

1 Berechne.

a) $\frac{1}{3} + \frac{2}{3} =$ ___$\frac{3}{3} = 1$___

b) $\frac{1}{4} - \frac{2}{8} =$ ___$\frac{0}{8} = 0$___

c) $\frac{7}{30} + \frac{11}{20} - \frac{21}{60} = \frac{26}{60} = \frac{13}{30}$

d) $\left(\frac{4}{5} + \frac{1}{2} \right) - \frac{7}{9} =$ ___$\frac{47}{90}$___

e) $0,75 + \frac{1}{3} = \frac{13}{12} = 1\frac{1}{12}$

f) $0,5 - \frac{3}{8} =$ ___$\frac{1}{8}$___

2 Ergänze.

a) $\frac{2}{5} + \boxed{\frac{4}{5}} = 1\frac{1}{5}$

b) $\boxed{\frac{74}{35}} - \frac{7}{5} = \frac{5}{7}$

c) $1 + \boxed{\frac{8}{9}} + \frac{2}{9} = 2\frac{1}{9}$

d) $\frac{3}{8} - \left(\frac{1}{2} - \boxed{\frac{1}{4}} \right) = \frac{1}{8}$

e) $0,7 + \boxed{\frac{1}{2}} = \frac{6}{5}$

f) $\boxed{\frac{3}{4}} - 0,5 = \frac{3}{12}$

3 Mara und Max unternahmen eine Radtour. Sie kamen dabei an mehreren Sehenswürdigkeiten vorbei. Beide fuhren um 11:00 Uhr vormittags los und waren um 14:30 Uhr am Ziel. Rund $1\frac{1}{2}$ h haben sie Pause gemacht und sich die Burg angesehen.

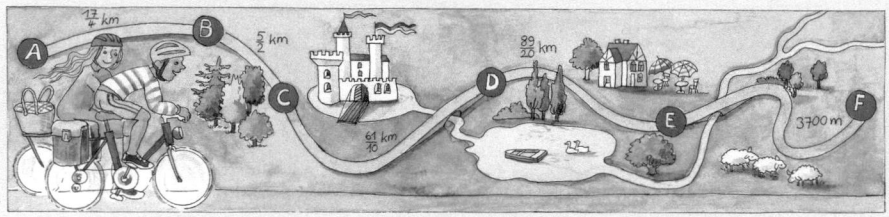

a) Berechne, wie viele Kilometer sie gefahren sind.

$\frac{17}{4}$ km $+ \frac{5}{2}$ km $+ \frac{61}{10}$ km $+ \frac{89}{20}$ km $+ \frac{37}{10}$ km $= \frac{85+50+122+89+74}{20}$ km $= \frac{420}{20}$ km $= 21$ km

Sie sind insgesamt 21 km gefahren.

b) Kreuze an, wie viele Kilometer sie etwa in einer Stunde gefahren sind.

☐ 5 km   ☒ 10 km   ☐ 15 km   ☐ 20 km

4 Entscheide jeweils nur mithilfe eines Überschlags, ob das Ergebnis stimmen kann.

a) $258,79 + 715,79 = 879,25$ (Ergebnis: 974,58)   ☐ kann stimmen   ☒ kann nicht stimmen

b) $56,358 - 478,45 = 422,092$ (Ergebnis: −422,092)   ☐ kann stimmen   ☒ kann nicht stimmen

c) $478,65 + 15,8 = 494,45$ (Ergebnis: 494,45)   ☒ kann stimmen   ☐ kann nicht stimmen

5 Ermittle die Ergebnisse. Rechne dreimal schriftlich.

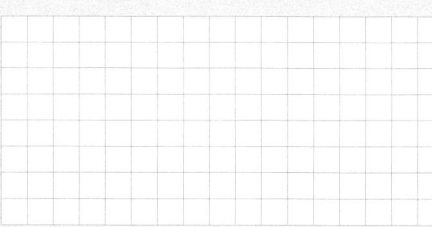

a) $52,32 + 0,945 =$ ___53,265___

b) $702,5 - 68,5 =$ ___634___

c) $945 + 52,320 =$ ___997,32___

d) $70,25 - 6,850 =$ ___63,4___

Kapitel Dezimalbrüche multiplizieren und dividieren

1 Ergänze die Multiplikationsmauern.

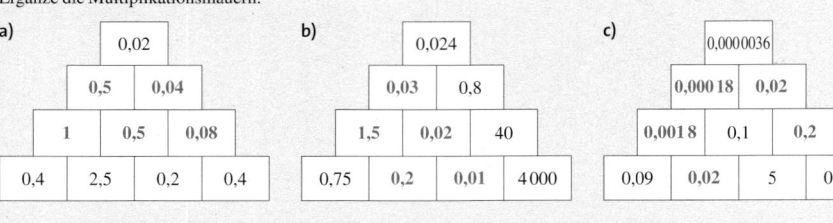

a)

	0,02		
	0,5	0,04	
1	0,5	0,08	
0,4	2,5	0,2	0,4

b)

	0,024		
	0,03	0,8	
1,5	0,02	40	
0,75	0,2	0,01	4 000

c)

	0,0000036		
	0,000 18	0,02	
0,001 8	0,1	0,2	
0,09	0,02	5	0,04

2 Multipliziere schriftlich.

a) 3 489 · 1,25 **b)** 12,24 · 5,03 **c)** 0,0159 · 4,09

```
3 4 8 9 · 1, 2 5
    3 4 8 9
    6 9 7 8
    1 7 4 4 5
      1 2 2 1
    4 3 6 1, 2 5
```

```
1 2, 2 4 · 5, 0 3
      6 1 2 0
      0 0 0 0
      3 6 7 2
    6 1, 5 6 7 2
```

```
0, 0 1 5 9 · 4, 0 9
      0 0 6 3 6
      0 0 0 0 0
      0 1 4 3 1
            1
    0, 0 6 5 0 3 1
```

3 Dividiere schriftlich.

a) 1,25 : 4 **b)** 0,00483 : 0,23

```
1, 2 5 : 4 = 0, 3 1 2 5
0
1 2
1 2
  0 5
  4
  1 0
  8
  2 0
  2 0
  0
```

```
0, 4 8 3 : 2 3 = 0, 0 2 1
0
4
0
4 8
4 6
  2 3
  2 3
  0
```

4 An der Tankstelle kostet ein Liter Super 1,65 €.

a) Wie viel ist für 37,4 l Super zu zahlen?

 61,71 € kosten 37,4 l Super.

b) Ein Auto benötigt ca. 6,4 l Super pro 100 km.
Wie weit kann man voraussichtlich mit diesem Auto
mit 37,4 l Super fahren?

 Etwa 600 km (584 km) kann man damit fahren.

```
a) 1, 6 5 · 3 7, 4
        4 9 5
      1 1 5 5
        6 6 0
        1 1 1
      6 1, 7 1

b) 3 6 0 : 6 0 = 6

   6 · 1 0 0 = 6 0 0
```

Kapitel Körper

1 Rechteck und Quader

a) Zeichne ein Rechteck mit 2 cm und 3 cm Seitenlänge.
Ergänze das Rechteck zum Schrägbild eines
Quaders mit 4 cm Tiefe.

b) Gib jeweils die Anzahl an.

 Kanten: 12

 Flächen: 6

 Ecken: 8

c) Zeichne ein Körpernetz des von dir gezeichneten Quaders.
Gib das Volumen *V* und
den Oberflächeninhalt *O*
des Quaders an.

z.B.

 $V = 2\,cm \cdot 3\,cm \cdot 4\,cm = 24\,m^3$

 $O = 2 \cdot (2\,cm \cdot 3\,cm + 3\,cm \cdot 4\,cm$

  $+ 2\,cm \cdot 4\,cm) = 52\,cm^2$

2 Wandle in die gegebene Einheit um.

a) 65 000 cm³ = 65 dm³ **b)** 0,3 m³ = 300 dm³

c) 3,8 cm³ = 3 800 mm³ **d)** 0,0008 m³ = 800 cm³

e) 14 l = 14 dm³ **f)** 275 000 ml = 275 l

3 Philipp wollte sechs verschiedene Netze eines Würfels zeichnen.
Beurteile sein Ergebnis.

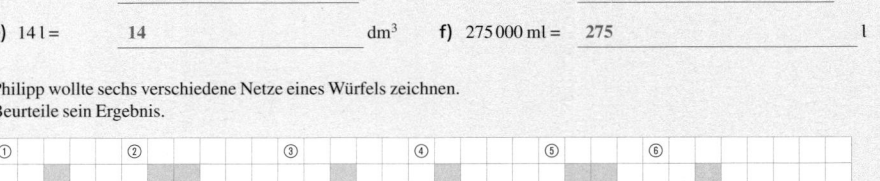
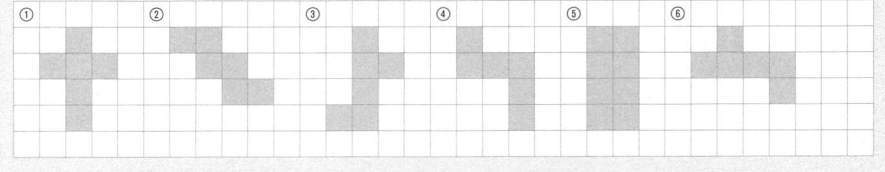

 Er hat nur 4 Würfelnetze (①; ②; ③; ⑤) gezeichnet.

Kapitel Zuordnungen und negative Zahlen

1 Niklas fuhr laut Fahrradcomputer $2\frac{1}{2}$ Stunden etwa 14 km pro Stunde.
Als er sein Rad wegen der kaputten Schaltung nur noch schob, waren es etwa 4 km pro Stunde.
Nach $3\frac{1}{4}$ Stunden hatte Niklas sein Ziel erreicht.

a) Ergänze die Tabelle.

Zeit in Stunden	0	1	2	$2\frac{1}{2}$	3	$3\frac{1}{4}$
zurückgelegter Weg in km	5	5	3	9	6	2

b) Veranschauliche den Text in einem Weg-Zeit-Diagramm.

c) Woran erkennt man im Diagramm die höhere Geschwindigkeit?

Am steileren Anstieg des Graphen erkennt man

die höhere Geschwindigkeit.

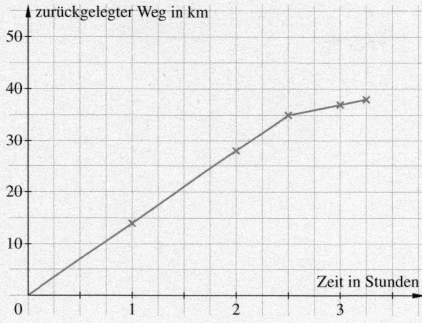

2 Veranschauliche folgende Zahlen an der Zahlengeraden. $0;\ -\frac{1}{4};\ 0{,}5;\ -2{,}5;\ -4{,}5;\ 6;\ -6;\ -7{,}5;\ -8$

3 Trage folgende Punkte ins Koordinatensystem ein.
Verbinde die Punkte in alphabetischer Reihenfolge.

A	$(4\,|-3)$	B	$(2\,|-5)$
C	$(-1\,|-6)$	D	$(-4\,|-5)$
E	$(-4\,|-2)$	F	$(-3\,|\,0)$
G	$(-1\,|\,1)$	H	$(1\,|\,2)$
I	$(2\,|\,4)$	J	$(1\,|\,5)$
K	$(-1\,|\,6)$	L	$(-2\,|\,5)$
M	$(-3\,|\,2)$	N	$(4\,|-5)$

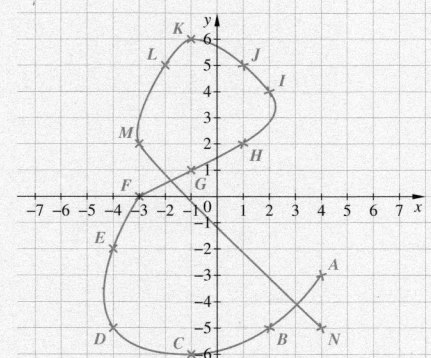

4 Karte mit den Höchstwerten der Temperaturen

a) Nenne zwei nicht gleich warme Städte, in denen Schnee liegen könnte und die Temperaturen über -6 °C liegen.
z. B.
Oslo (−2 °C), Wien (−4 °C)

b) Nenne zwei Städte, in denen der Abstand der Temperaturen zu Null gleich ist, jedoch nicht die Temperaturen.
z. B.
Ankara (6 °C), Helsinki (−6 °C)

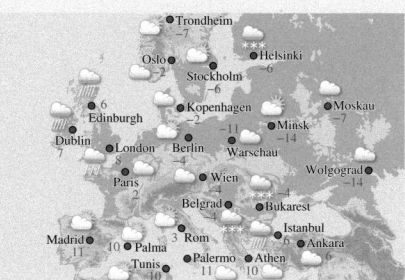

Kapitel Daten

1 Ergänze die Tabelle.
Gib die relativen Häufigkeiten in Prozent an.

Farbe	Strichliste	absolute Häufigkeit	relative Häufigkeit
Rot	٦ﬤﬤ ٦ﬤﬤ II	12	24 %
Grün	٦ﬤﬤ III	8	16 %
Gelb	٦ﬤﬤ ٦ﬤﬤ	10	20 %
Weiß	٦ﬤﬤ IIII	9	18 %
Orange	٦ﬤﬤ ٦ﬤﬤ I	11	22 %

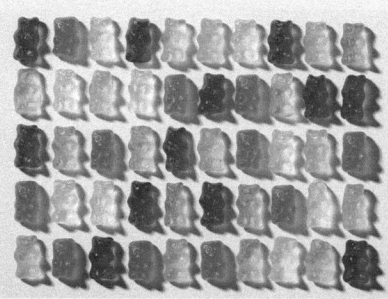

2 Bestimme das arithmetische Mittel und den Zentralwert.

Name	Größe in cm
Nicole	165
Bettina	167
Katja	158
Yvonne	154
Sabrina	170
Sigrun	171
Elke	159
Tina	160
Petra	163

Summe aller Werte: 1 467

Anzahl aller Werte: 9

arithmetisches Mittel: 1 467 : 9 = 163

Zentralwert: 163

3 Welche Klasse hat besser abgeschnitten? Begründe deine Meinung mithilfe geeigneter Werte.

6 a	1	2	3	4	5	6	Ø
	5	5	3	9	6	2	3,4

6 b	1	2	3	4	5	6	Ø
		3	4	9	7	6	1	3,4

z. B.
Laut Notendurchschnitt haben beide Klassen gleich gut abgeschnitten. Werden die Mediane verglichen, hat

die 6 b besser abgeschnitten, da über die Hälfte aller Schülerinnen und Schüler der Klasse eine „1", „2" oder „3"

bekamen. Bei der 6 a bekamen weniger eine „1", „2" oder „3".

4 Jeder Bundesbürger verbraucht täglich etwa 125 l Wasser.

a) Gib drei Bereiche an, für die besonders viel Wasser benötigt wird.

Baden, Duschen, Körperpflege; Toilettenspülung;

Wäsche waschen

b) Schätze mithilfe des Diagramms, wie viel Liter Wasser verbraucht werden.

Zum Baden bzw. Duschen sind es   60 l bis 65 l.

Zum Trinken bzw. Kochen sind es   2 l bis 4 l.

Jahrgangsstufentest

1 Kreuze an.

	20	75	132	1 095	2 862	5 580	5 585	57 894
Zahlen, die durch 5 teilbar sind	×	×		×		×	×	
Zahlen, die durch 4 teilbar sind	×		×			×		
Zahlen, die durch 6 teilbar sind			×		×	×		×
Zahlen, die durch 9 teilbar sind					×	×		

2 Rechne im Kopf.

a) $5,3 + 2,05 - 5 = \underline{2,35}$ b) $2,4 + 5 : 2 = \underline{4,9}$ c) $(4,6 - 2) : 0,5 = \underline{5,2}$ d) $3,1 \cdot 5 + 5 = \underline{20,5}$

e) $\frac{7}{12} + \frac{5}{12} = \underline{1}$ f) $\frac{5}{9} + \frac{1}{3} = \underline{\frac{8}{9}}$ g) $\frac{6}{13} - \frac{4}{13} = \underline{\frac{2}{13}}$ h) $\frac{1}{6} - \frac{1}{12} = \underline{\frac{1}{12}}$

i) $\frac{7}{4} \cdot 4 = \underline{7}$ j) $\frac{7}{11} \cdot \frac{33}{49} = \underline{\frac{3}{7}}$ k) $\frac{18}{21} : 6 = \underline{\frac{1}{7}}$ l) $\frac{56}{71} : \frac{28}{9} = \underline{\frac{18}{71}}$

3 Rechne schriftlich.

a) $754,382 + 250,307$ b) $496,576 - 78,504$ c) $100,857 - 99,98$

```
  7 5 4 , 3 8 2          4 9 6 , 5 7 6          1 0 0 , 8 5 7
+ 2 5 0 , 3 0 7       -     7 8 , 5 0 4       -     9 9 , 9 8 0
        1                      1                  1 1 1 1
1 0 0 4 , 6 8 9          4 1 8 , 0 7 2          0 0 0 , 8 7 7
```

d) $3,615 \cdot 2,34$ e) $33,41 : 13$ f) $3,705 : 1,5$

```
3 , 6 1 5 · 2 , 3 4       3 3 , 4 1 : 1 3 = 2 , 5 7      3 7 , 0 5 : 1 5 = 2 , 4 7
      7 2 3 0             2 6                            3 0
    1 0 8 4 5                7 4                            7 0
      1 4 4 6 0              6 5                            6 0
    8 , 4 5 9 1 0              9 1                          1 0 5
                             9 1                            1 0 5
                              0                              0
```

4 Ergänze Angaben zur Anzahl der Geschwister.

Geschwister	Strichliste	absolute Häufigkeit	relative Häufigkeit	
keine	ЖЖЖ III	18	50 %	180°
eins	ЖЖЖЖ ЖЖЖ I	36	25 %	90°
zwei	ЖЖ IIII	9	12,5 %	45°
drei	ЖЖ IIII	9	12,5 %	45°

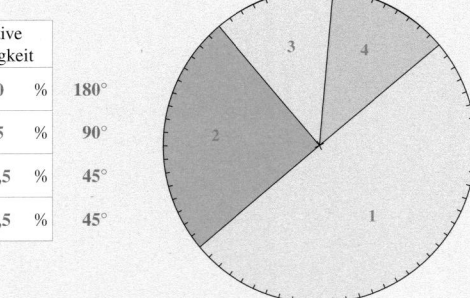

arithmetische Mittel: $\underline{1,125}$ Zentralwert: $\underline{1,5}$

5 Milch wird häufig im Tetrapak angeboten. Eine Packung ist $9\frac{1}{2}$ cm lang, 17 cm hoch und $6\frac{1}{2}$ cm breit.

a) Als Inhalt ist 1 l angegeben. Beurteile diese Angabe.

Der Inhalt ist ausreichend. $(V = 1,049\,75\text{ l (dm}^3))$

b) Wie viel Quadratzentimeter Pappe werden mindestens zur Herstellung einer Packung benötigt?

Es werden mindestens 667,5 cm² benötigt. $(O = 667,5 \text{ cm}^2)$

c) Eine quaderförmige Kiste wird mit 18 Packungen Milch gefüllt. Die Packungen stehen nicht übereinander. Gib an, wie viele Packungen hintereinander stehen. Finde mehrere Möglichkeiten.

Es gibt sechs Möglichkeiten (1; 2; 3; 6; 9; 18).

zu a)
$V = 9,5\text{ cm} \cdot 17\text{ cm} \cdot 6,5\text{ cm} = 1\,049,75\text{ cm}^3$

zu b)
$O = 2 \cdot 9,5\text{ cm} \cdot 17\text{ cm} + 2 \cdot 17\text{ cm} \cdot 6,5\text{ cm} + 2 \cdot 9,5\text{ cm} \cdot 6,5\text{ cm}$
$O = 667,5\text{ cm}^2$

6 Zu unterschiedlichen Zeitpunkten wurde die Temperatur ermittelt. Ordne die abgelesenen Zahlen nach der Größe.
7 °C; −7 °C; −8 °C; 2,5 °C; 4 °C; 6 °C; 1 °C; −1 °C; −2 °C

$\underline{-8} < \underline{-7} < \underline{-2} < \underline{-1} < \underline{1} < \underline{2,5} < \underline{4} < \underline{6} < \underline{7}$

7 Trage die gesuchten Begriffe ein. Wenn alles richtig ist, ergeben die Buchstaben in den Kästchen ein Lösungswort.

1. Zwei Strahlen, die von einem gemeinsamen Punkt ausgehen, bilden einen …
2. Ein Mittelwert einer Datenreihe ist der …
3. Die zusammenhängenden Begrenzungsflächen eines Körpers bilden dessen …
4. 1; 2; 5 und 10 sind einige der … von 50.
5. Bei der Addition von Brüchen gilt auch das …
6. Ein Würfel ist ein spezieller …
7. Zahlen, die kleiner als Null sind, haben als Vorzeichen ein …
8. 3; 5; 7; 11 und 13 sind …
9. Eine Zuordnung kann man in einem … darstellen.
10. Winkel zeichnet man mit dem …
11. Die Winkelgröße wird in … angegeben.
12. Beim schriftlichen Subtrahieren von Dezimalbrüchen kommt … unter …
13. Ein anderes Wort für Rauminhalt ist …
14. Der Teil eines Bruchs unter dem Bruchstrich heißt …

1. W I N K E L
2. Z E N T R A L W E R T
3. N E T Z
4. T E I L E R
5. A S S O Z I A T I V G E S E T Z
6. Q U A D E R
7. M I N U S
8. P R I M Z A H L E N
9. D I A G R A M M
10. G E O D R E I E C K
11. G R A D
12. K O M M A
13. V O L U M E N
14. N E N N E R